不可思议的科学真相

猫头鹰真的会魔法吗

[印度]艾瑞法·特森◎著
[印度]拉扎·特森◎著
牟超◎译

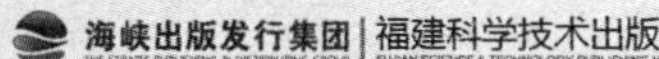

著作权合同登记号：图字13-2019-001

图书在版编目（CIP）数据

猫头鹰真的会魔法吗：不可思议的自然真相 /（印）艾瑞法·特森,（印）拉扎·特森著；牟超译. —福州：福建科学技术出版社, 2020.6
ISBN 978-7-5335-6149-9

Ⅰ.①猫… Ⅱ.①艾… ②拉… ③牟… Ⅲ.①自然科学－儿童读物 Ⅳ.①N49

中国版本图书馆CIP数据核字(2020)第071317号

书　　名　**猫头鹰真的会魔法吗：不可思议的自然真相**
著　　者　[印度] 艾瑞法•特森　[印度] 拉扎•特森
译　　者　牟超
出版发行　福建科学技术出版社
社　　址　福州市东水路76号（邮编350001）
网　　址　www.fjstp.com
经　　销　福建新华发行（集团）有限责任公司
印　　刷　福建省金盾彩色印刷有限公司
开　　本　889毫米×1194毫米　1/32
印　　张　6.5
图　　文　208码
版　　次　2020年6月第1版
印　　次　2020年6月第1次印刷
书　　号　ISBN 978-7-5335-6149-9
定　　价　28.00元

书中如有印装质量问题，可直接向本社调换

CONTENTS

猫头鹰真的会魔法吗

黑魔法、诅咒、吉兆凶兆、难以捉摸的魔法石……看到这些会让你想起哪种动物？当然是猫头鹰了！长久以来，猫头鹰总是和巫术、超自然现象等联系在一起。猫头鹰真的会魔法吗？如果会，它们会什么魔法？如果不会，为什么几个世纪以来人们总是将它与魔法联系在一起？

猫头鹰在印度

猫头鹰与印度女神拉克希米有关系，猫头鹰是她的坐骑。希腊的智慧女神雅典娜身边也有猫头鹰的陪伴。但是，每当你说到“乌卢”（“ulloo”，印地语中猫头鹰的意思）这个词，人们就会摇着头微笑。猫头鹰在很多国家都是智慧的象征，为什么在印度却成了傻瓜的同义词?

在印度，猫头鹰收获更多的是嘲笑，虽然它非常聪明，而且对人类非常有益。人们这么做的原因似乎在于拉克希米（财富女神）和萨拉斯瓦蒂（智慧女神）之间的竞争。据说，如果拉克希米喜欢某个人，萨拉斯瓦蒂就会非常讨厌这个人，反之亦然。所以，如果你有智慧，你就会很贫穷；相反，如果你很富有，那你就会是个傻瓜。

因此，那些才华横溢却又穷困潦倒的作家们把自己的怒火发泄到富人偏爱的拉克希米身上，管她的坐骑——猫头鹰叫“傻瓜”。他们说，因为猫头鹰总是夜间活动，而且是个傻瓜，所以它会把拉克希米带到像自己一样傻的人面前！

所以，萨拉斯瓦蒂团队的人在他们的文章中称猫头鹰是“傻瓜”。不仅如此，他们还把猫头鹰和黑暗魔法、巫术联系在一起，说它们凭借这些手段来接近拉克希米（即获得金钱！）。

今天去哪儿？
呃……去杂货铺吧，那里有很多美味的老鼠！

疯狂的魔法和邪恶的猫头鹰

在印度，有一个广为流传的说法，大角猫头鹰的巢中有魔法石。只要用这块石头轻轻一碰，就能把普通金属变成金子。一些不想努力工作的人，他们认为自己要做的事情只是诵读五年咒语，然后在第五年的排灯节前夕，找到大角猫头鹰的巢穴。他们只要牺牲一只猫头鹰，就可以获得魔法石，然后就可以把铁门、金属窗框、煮饭用的锅碗瓢盆都变成金子！当然，他们可以背诵咒语，也可以杀掉可怜的猫头鹰，但是他们却找不到魔法石。（因为根本不存在那样的石头！）

如果一只猫头鹰坐在某人的家附近，并模仿婴儿的哭声，人们认为这是一个不祥的预兆。但是如果猫头鹰一整晚都安静地坐在那里，那是吉祥的预兆。不仅如此，有些人甚至还会饲养猫头鹰，然后在所谓的吉祥之夜杀死它们，用它们的血肉施魔法，特别是用来诅咒。

在我们深入了解所有这些愚蠢的迷信背后的原因之前，我们先来了解一下猫头鹰。

快把魔法石交出来！
疯子。

令人敬畏的猫头鹰

●猫头鹰是一种肉食性鸟类，除了南极洲和一些极其偏远的地区以外，在世界各地都有分布。世界上大约有200种猫头鹰，分属两科——草鸮科和鸱鸮科（典型猫头鹰）。所有种类的猫头鹰都是在扁平的脸上长着一双大眼睛，每只眼睛周围有面盘（羽毛辐射排列呈圆形）。草鸮与典型猫头鹰的区别在于它们的脸是心形的。

●猫头鹰在树洞、老房子或地洞中筑巢。

●猫头鹰通常独居，夜间活动（夜行性动物）。它们猎杀昆虫、体形较小的动物和鸟类为食。有些猫头鹰还是捕鱼的高手。一只较大的猫头鹰一晚上能吃掉两三只老鼠。

●猫头鹰的眼睛是向前的（这一点与鹰和其他猛禽不同，它们的眼睛位于头部两侧），这有助于它们在昏暗的光线下狩猎。由于它们的眼睛不能转动，所以它们需要转动头部来看不同的方向。

●猫头鹰的头可以旋转270°！这是因为它们有14块颈椎骨，而人类只有7块。

●猫头鹰能看得很远，但看不清附近的东西。不过，它们有“触须”，即生在鸟喙和脚上的毛发状羽毛，猫头鹰可以用它们感知猎物。

●猫头鹰飞行时无声。它们默默靠近自己的猎物，毫无戒备之心的蜥蜴或青蛙，得不到任何预警。突袭和潜行是猫头鹰的捕猎策略。它们的嗅觉和听觉十分敏锐。万不得已的情况下，特别是在那些因为下雪而猎物稀少的地方，猫头鹰也会在白天出来捕猎。

猫头鹰食丸

无声的飞行和暗淡的体色都是猫头鹰捕猎的有利条件，但最终完成捕猎工作靠的是猫头鹰锋利的喙和强有力的爪子。它的爪子可以粉碎猎物的头骨，控制猎物的身体。猫头鹰有时会将整个猎物吞进肚子里，有时会将它们撕成碎块，然后再吞下去。猫头鹰反刍食物，那些它们无法消化的东西，如皮毛、骨头和鳞片，都会被猫头鹰以食丸的形式吐出来。你可以从树下收集这些食丸，解剖分析，就会知道猫头鹰前一天晚上都吃了什么了。

大角鸮（大角猫头鹰）

猫头鹰会不会魔法，我们还不知道，但有些猫头鹰确实有一个可怕的习惯——那就是模仿人的声线说话。

如鹩哥（一种模仿人说话的鸟）一样，印度大角鸮能够模仿人类的声音或其他声响。它们是模仿高手，因此也成为很多鬼故事的创作素材。想一想，你正独自走在夜深人静的丛林，突然听到一声令人毛骨悚然的尖叫，或一个女人的笑声“哈……哈……哈……”，但是周围一个人也没有。等你回到家，你会对你妈妈说什么？（当然，前提是你没有吓晕在丛林里。）

大多数时候，始作俑者并不是鬼魂或女巫，而是印度大角鸮。拉扎·特森就有过很多次这样的经历，在森林里遇到了模仿各种声音和响动的印度大角鸮。真的很恐怖！

巫师们对大角鸮（也叫大雕鸮）感兴趣的另一个原因纯粹是因为它们体形巨大！大角鸮非常大，而且强壮有力，有时甚至被称为世界上最大的猫头鹰。它们的身体像一个笨重的圆桶，簇状耳羽向上竖立，就像魔鬼的角。它们的体重超过 4 千克，展开双翅，翼展可达 2 米！

这么大的身体可不是白长的，它们不仅捕食老鼠、兔子这样的小型动物，也捕食狐狸幼鹿这样较大的动物，甚至还会把毒蛇吞进肚子。

拉扎·特森曾经亲眼目睹过这样一幕：1988 年的一个傍晚，乌代布尔附近有一个叫钱德萨拉的小村庄，拉扎站在村里的一颗芒果树下纳凉。这个村子里有很多孔雀。太阳刚刚落山，许多鸟都落在树上准备过夜。一只成年孔雀拖着长长的尾巴，栖息在这棵芒果树上。这时，一只印度大角鸮突然飞了过来，袭击了这只孔雀。孔雀“砰”的一声落到地上。猫头鹰需要在空中转个很大的弯才能回到它的猎物身边。然而就在猫头鹰飞回到猎物身边之前，三只野狗冲了过来，将孔雀撕成了碎片。猫头鹰只能无功而返，悻悻地飞走了。

这些猫头鹰对居住的地方并不挑剔，从沙漠边缘到森林、农田，都能成为它们的栖息地。它们通常选择洞穴、悬崖峭壁和裂缝筑巢。

除了人类，很少有动物可以猎杀印度大角鸮。而人们猎杀印度大角鸮的理由也很疯狂，比如练黑魔法或寻找魔法石等。

更多疯狂的神话传说

猫头鹰不仅与愚蠢、智慧联系在一起，还与一些疯狂的事情有关。

在中东，猫头鹰被认为是不祥之兆。在非洲肯尼亚，猫头鹰被认为是厄运、疾病和死亡的先兆。

美洲玛雅人认为猫头鹰会带来死亡和破坏。霍皮人把猫头鹰和巫术联系在一起。墨西哥人认为猫头鹰一叫，就会有一个土著印第安人死去。

这些就是在世界各地流传的关于猫头鹰的疯狂愚蠢的传说。但猫头鹰其实是一种非常有益的鸟。为什么这么说呢?

以前，人类的财富是以所拥有的粮食和衣服的数量来衡量的。老鼠是这种财富的最大破坏者。拉克希米的坐骑——猫头鹰以老鼠为食，控制了老鼠的数量。所以我们不要再称猫头鹰为愚蠢、邪恶的东西了。猫头鹰是一种益鸟，我们希望猫头鹰能长命百岁，繁荣昌盛!

文学作品中的猫头鹰

◇哈利·波特的宠物是一只叫海德薇的猫头鹰。

◇在小熊维尼的故事里，猫头鹰知识渊博，但总是犯拼写错误。

◇在《猫头鹰王国》中，猫头鹰会说话，会思考，还会做梦。

◇在《小灰兔》中，猫头鹰是一个非常聪明的角色，但在白天被打扰时会变得非常刻薄。

◇在《纳尼亚传奇：银椅》中，格里姆费瑟大师召集了猫头鹰议会，讨论重要事情。

为什么鳄鱼的肚子里有石头

你觉得你的肚子里有什么？肠子，胃，当然还有刚吃进去的蛋糕或巧克力。但是猜猜看，鳄鱼的肚子里装的是什么？是你和我都没有的东西——石头！它们的肚子里为什么会有石头呢？答案揭晓之前，让我们先来了解一下这种健壮的酷似蜥蜴的肉食性半水生大型爬行动物。

尼罗河蜥蜴

鳄鱼得名于聪明的古希腊人，古希腊人擅长给各种东西取名字。

在古希腊，“鳄鱼”的字面意思就是“尼罗河蜥蜴”。从古代文明到现代文明，鳄鱼一直被认为是权力的象征。有些人猎杀它们，有些人膜拜它们。在部落社会，鳄鱼皮不仅仅代表一种时尚，更是一种社会地位的象征。在巴布亚新几内亚的一个部落，人们敬畏鳄鱼这种动物，他们甚至会损伤自己的皮肤，使身体留下和这种爬行动物皮肤类似的疤痕。真是难以想象！千万不要在家里尝试，那是一个非常可怕、痛苦的过程。

由于鳄鱼腹部的皮极其柔软耐用，其出现在世界上各种合法的、非法的贸易中，被用来制作各种各样的商品，如手提包和鞋子。但是鳄鱼背上的皮肤非常坚硬，箭啊、矛啊射在上面，就像给鳄鱼挠痒痒一样，只会让鳄鱼咯咯发笑。

好大的牙齿!

鳄鱼有一口可怕的、参差不齐的牙齿，尖锐而锋利，非常适合咬断、撕裂猎物。鳄鱼的猎食范围非常广泛，从鸟类到乌龟，甚至包括鲨鱼和大型猫科动物。当鳄鱼用强有力的嘴巴捉住猎物之后，它是怎样咀嚼的呢？这是个难题，因为鳄鱼的牙齿不是用来咀嚼的。如果一种动物不经过咀嚼，就把各种甲壳、头骨、皮毛、角、羽毛和血肉吞进肚子里，会怎么样呢？首先想到的就是，它的胃应该会很不舒服吧。

怪异的进化

在我们解开这个谜团之前，让我们先看看鳄鱼是怎么进化的。它们看上去似乎是个“石头脑袋”——全是牙齿，没有大脑。事实上，它们并不像看起来那样笨，而是相当聪明的。要证明这点并不难，有什么会比它们生存了2.4亿年，甚至还有可能目睹了恐龙灭绝（或许还流下了鳄鱼眼泪）这样的事实更有说服力呢！最古老的鳄鱼化石已经有2.4亿年的历史，来自侏罗纪时期，被称为原鳄，意思是“最初的鳄鱼”。鳄目动物（所有构成鳄鱼目的物种）属于“古龙”或“统治蜥蜴”动物科，恐龙和鸟类也是由此进化而来的。在2.4亿年前到6500万年前之间，古鳄鱼在陆地、海洋和各种各样的栖息地生活。早期的一些鳄鱼可以做一些两足动物的动作，甚至还是食草动物，靠吃植物为生。为了能够和恐龙一起生存，它们以各种方式适应身边的环境，包括改变它们的饮食习惯。

接着，6500万年前，一颗行星撞击地球，导致地球上的生物大规模灭绝。许多种类的史前鳄鱼，特别是体形庞大的巨鳄都在那个时期灭绝了。在这场物种大灭绝中，有些鳄鱼在这场灾难中幸存下来。它们很可能进化出了不同形状的下颚，以适应不同栖息地的觅食环境，并最大限度地寻找各种可食用的食物。那不是一个伸出手打开冰箱就能获取食物的时代。许多鳄鱼都不得不学会跟踪、追击和捕杀猎物的本领，甚至需要不断进化它们的下颚来完成这样的捕食！

今天，在非洲、澳大利亚、亚洲和美洲发现了14种真正的鳄鱼。它们与短吻鳄、凯门鳄和大鳄鱼不同，虽然在生物学分类上，它们同属于鳄目，却属于不同科的生物。鳄目共含23个物种，所有这些物种被统称为鳄目动物，却并不都是鳄鱼。

鳄鱼的分类

界：动物界

门：脊索动物门

纲：爬行纲

目：鳄目

鳄目动物包括鳄科（真正的鳄鱼）、短吻鳄科（短吻鳄和凯门鳄）和长吻鳄科（大鳄鱼）。

敏锐的感觉

2.4 亿年的进化史使鳄鱼获得了敏锐的感官，这帮助它们成为自然界顶尖的掠食者。鳄鱼的眼睛、耳朵和鼻孔都位于头的顶部，因此它们几乎可以将整个身体都浸没在水中，从而不易被猎物发现。鳄鱼的夜视能力很强，它们通常在夜间捕猎，利用自身优势，捕捉夜视能力较差的猎物。此外，鳄鱼的嗅觉也非常灵敏，无论是在陆地还是在水中，它们都可以发现距离自己非常远的猎物或动物尸体。

鳄鱼的上下颚都有感觉孔，看起来就像皮肤上的小黑点。凭借这些被称为圆顶压力感受器（DPRs）的感觉孔，它们能察觉振动和压力的变化。只要水中发生轻微的变化——哪怕只是一滴水的变化，它们也能感知得到。因此即使在完全黑暗的情

况下，鳄鱼也能知道自己的猎物在哪里！（这属于它们的触觉。）它们会迅猛地发起攻击。较大的鳄鱼，如尼罗河鳄鱼和湾鳄（现存最大的爬行动物，这种鳄鱼最长可达 7 米，重达 1000 千克），会攻击人类。不管是什么，只要是牙齿参差不齐、不带牙套，还缺乏幽默感的，你都得小心。

咬合力和战斗力

你们知道吗？湾鳄咬合力超强，是世界上咬合力最强的生物之一。它是地球上最大的爬行动物，也是分布最广的鳄鱼。澳大利亚人亲切地称它们为“咸水鳄”。

据估计，每年大约有 200 人成为尼罗河鳄鱼口中的猎物！但是，这些凶猛的鳄鱼是非常有爱心的父母，也是有良好社交行为的群居动物。

鳄鱼的舌头被一层隔膜阻挡，不能自由活动。尽管鳄鱼闭合嘴巴的肌肉非常强健，但是用来张开嘴巴的肌肉却很弱，因此你只要用一个橡皮圈就能把鳄鱼的嘴绑住。不，不是你用来绑头发的那种橡皮圈，而是从轮胎内胎剪下来的那种。

不过，绑住鳄鱼的嘴巴之后，可别站在一旁傻乐，因为它的尾巴一下子就会把你打晕！鳄鱼的尾巴强健有力，能使它们的游泳速度达到 40 千米 / 时。它们有蹼的脚能够帮助它们在水中灵活移动，并通过突然移动来突击猎物。它们可以在水下潜伏几个小时，短距离内快速突击，甚至能跳出水面数米远！所以还是忘了那首儿歌吧——“克雷格鳄鱼慢慢爬，横着爬，竖着爬，弯弯曲曲爬……”

不会出汗

鳄鱼是爬行动物，属于冷血动物。它们用厚厚的装甲皮肤吸收热量。但是它们不会出汗，因为它们没有汗腺。你有没有看过在动物园里睡觉的鳄鱼？它们睡觉时嘴巴是张开的，那不是为了吓唬你，而是它们需要通过嘴巴释放热量。

揭开鳄鱼肚子里面装石头的秘密

回到我们开篇时讨论的那个“神秘”问题。现在我们对鳄鱼的进食行为都有了哪些了解？它们咬合力超强，会把食物一口吞下。它们下颌强健，嘴巴可以张得很大，舌头活动受到限制。它们新陈代谢的速度很慢，在没有食物的情况下，可以存活几个月。但是，和其他动物一样，它们也需要好好消化吃下去的食物。为了好好消化食物，它们从恐龙身上学到吞石头这个消化技巧。（或许是恐龙从鳄鱼身上学到的技巧，我们不知道事情的真相到底是什么。）这种技巧十分古老，一些蜥脚类恐龙，包括地球上有史以来的其他大型动物，肚子里似乎都有石头！

绝妙的胃石

鳄鱼与恐龙的关系密切，但是猜猜怎么着，它们和鸟的关系更密切！没错，鳄鱼是最接近恐龙和鸟类的爬行动物。像鸟和哺乳动物一样，它们是唯一一种心脏有四个腔室的爬行动物。复合生物体形容的就是它们。

鸟是恒温动物，需要更多的氧气来维持体温和较高的新陈代谢率。四个腔室的心脏可以使它们将动脉血和静脉血分离开。然而，冷血的爬行动物新陈代谢率很低，不需要那么多氧气。它们的心脏只有三个腔室，含氧丰富的血和无氧血混合在一起，供应给身体的血液都是部分含氧。鳄鱼非同凡响的心脏有一个优势，就是拥有一个叫作帕尼扎孔（Panizza）的独特瓣膜，可以在潜水时控制流向肺部的血液。所以，为了更有效率地利用氧气，鳄鱼的四腔心脏在潜水的时候会变成三腔。这使鳄鱼的新陈代谢率降低，氧气需求量减少。这样它们就可以长时间潜在水下，成为致命的掠食者。

它们还有一个与恐龙、某些鸟类相同的生物学特征，那就是它们都会吞下一些石头来帮助消化食物！是的，你没听错。石头可以帮助它们研磨胃里的食物。这些被鳄鱼吞下的石头被称为胃石，因为它们就在胃里。

胃石的英语单词“gastrolith”来源于希腊语，其中“gastro”是“胃”的意思，“lith”是“石头”的意思。鳄鱼不是唯一吃石头的动物。在其他动物体内也可以找到胃石，如海豹、海狮和某些鸟类。有些恐龙也有胃石。这些缺少合适磨牙的动物，将石头放在肌肉发达的胃里，用来研磨食物。

另外，鳄鱼也使用这些胃石作为压舱物，增添额外的重量，帮助它们在游泳时保持身体平衡，同时也能减少浮力。

胃石的大小取决于动物自身的体重。一些与恐龙化石有关的胃石重达数千克。被鸵鸟吞下去的石头长度可能超过10厘米。这些石头可以是圆的、光滑的，也可以是边缘粗糙的。

鳄鱼的胃分为两个腔室。第一个肌肉十分发达，就像鸟的砂囊；另一个含有酸性消化液。鳄鱼的胃是世界上所有脊椎动物中酸性最强的消化器官！这个胃几乎可以消化任何东西，无论是指甲还是蹄子，骨头还是羽毛。胃石出现在第一个肌肉发达的腔室中。鳄鱼在闲暇的时候，从容地吞下石头，用这些石头在第一个腔室里压碎骨头、蹄子和其他坚硬的东西。这些骨头可能会在第一个胃里待上几天，直到它们被压得足够碎，然后被送到下一个腔室，在那里它们会被强酸性的消化液消化掉。

鳄鱼平均寿命为 30 ~ 80 年，这取决于鳄鱼的种类。澳大利亚动物园里有一只鳄鱼，据说已经有 130 岁了！终其一生，鳄鱼体内都携带着胃石。

鳄鱼的眼泪

如果你认为肚子里有石头是鳄鱼最酷的特征，那你就大错特错了！再想想！你听说过“鳄鱼的眼泪”这个词吗？在古老的神话里，鳄鱼吃人时会流泪。虽然鳄鱼确实会流泪，但那不过是它们身体的生理功能罢了。鳄鱼吃东西的时候，眼睛周围会冒一些泡沫或气泡，或许我们更应该把这叫作“喜悦的眼泪”！

别碰我

鳄鱼有着可怕的捕猎能力，强健的体魄，活得比恐龙还长，听起来似乎是无敌的。但可悲的是，事实并非如此。尽管鳄鱼在多次物种大灭绝中幸存下来（包括使恐龙灭绝的那次），但在今天，很多鳄鱼已被列为极度濒危物种，濒临灭绝。

我们人类要为鳄鱼的这种情况负责。我们一直在破坏它们生活的河流和湿地，摧毁它们的家园，在这些地方建造我们的城市。很多人斥巨资购买非法鳄鱼皮产品，如手提包、皮带、钱夹和皮鞋等。

造成某些鳄鱼物种濒临灭绝的另一个原因是鳄鱼幼仔的存活率很低。鳄鱼会挖沙坑作巢或用植物筑巢,然后将卵产在巢中。(你是不是又想到鸟了?)根据鳄鱼种类的不同,筑巢期为几周到六个月。当小鳄鱼在卵中发出叫声的时候,鳄鱼妈妈就知道小鳄鱼马上要孵出来了!这时候,鳄鱼妈妈会把卵从巢中取出来,放在地上滚来滚去,帮助小鳄鱼从卵中爬出来。除了出生之前在卵中发出求助叫声,鳄鱼幼仔的鼻尖上还长了一颗由皮肤形成的"破卵齿",在它们准备好的时候,帮它们破壳而出。

一旦小鳄鱼从卵中孵化出来,鳄鱼妈妈就会用嘴把它们衔到水里。99% 的幼仔会在出生的第一年死掉。这段时间是它们最脆弱的时候,它们会被巨蜥、其他鳄鱼、大鱼甚至苍鹭等像吃零食一样吃掉。

鳄鱼通过吞吃尸体和平衡其他物种的数量来保持河流的清

洁。它们既是捕食者又是猎物，因为它们的幼仔会被其他捕食者吃掉。通过这些爬行动物，营养物质在陆地和水生生态系统之间循环，从而保持生态系统的健康。

但是，这些爬行动物的数量越来越少，这是一件非常令人悲伤的事情。鳄鱼猎手——史蒂夫•欧文曾经说过："鳄鱼……我最喜欢的动物。现在存活的 23 种鳄鱼中，有 17 种是稀有物种或濒危物种。你们知道，无论人们做什么或说什么，它们都在走向灭绝。"

鳄鱼，恐龙时代的幸存者，可能无法再生存下去了。生为冷血动物的它们，今天成为冷血的我们的受害者。

酷酷的鳄鱼

●鳄鱼为了使自己不被猎物发现，几乎将整个身体潜入水中，但是它们的眼睛、耳朵和鼻子，都高高地放在头顶上，露在水的外面。多么狡猾的捕食者啊！

●当鳄鱼潜入水中的时候，会有一层保护膜在它们的眼睛上方闭合，鳄鱼就像戴了泳镜一样。

●鳄鱼是最具社交能力的爬行动物。

●史前帝鳄，也叫超级鳄，身长12米，以恐龙为食。

●稍微小一些的史前恐鳄（deinosuchus）和恐龙（dinosaur）的词根相同，（没错，都源于希腊语。）“dino”的意思是“可怕的”。

为什么伯劳鸟又叫“屠夫鸟”

在地球上的所有动物中，鸟类也许是最迷人的一类动物。我们来看看这些鸟：有着美妙歌喉的喜鹊，善于潜水的翠鸟，勤劳早起的公鸡，拾荒者秃鹫，舞蹈家孔雀，跳来跳去的麻雀，聪明的工具使用者乌鸦，滑翔机老鹰和无声飞行器猫头鹰，它们都令人着迷。

但是你知道吗？鸟类中也有一个屠夫——伯劳鸟。伯劳鸟是什么鸟？为什么会获得“屠夫鸟”的绰号呢？不知道“刺穿”和“挂尸”会不会给你一点儿线索。

屠夫鸟是哪位？

伯劳鸟就是屠夫鸟。不同种类的伯劳鸟，主要以昆虫为食。体形较大的伯劳鸟也会以蜥蜴、老鼠和其他小型脊椎动物为食。它们有一个令人毛骨悚然的怪癖，那就是将猎物刺穿、挂在荆棘或树上！如果你仔细观察伯劳鸟经常光顾的树丛或树木，你可能会看到昆虫、蜥蜴、小鸟或老鼠的尸体挂在树上，中间还露出一根刺。至于猎物是什么，取决于伯劳鸟的种类和大小。伯劳鸟是一种有领地意识的鸟，它们会非常凶猛地守卫自己的地盘。伯劳鸟通常在自己的领地捕猎。它们笔直地坐在毫无遮蔽的高高的树枝上寻找猎物，警告其他伯劳鸟小心，不要进入自己的领地。一旦它们发现并抓住毫无戒备的猎物，就会用强壮的钩状鸟喙敲击猎物的头来杀死猎物。它们会把猎物刺穿挂起来吸引配偶。听起来很可怕吧？

为什么这样做?

屠夫鸟这么做可不是为了好玩，虽然它们前额和眼睛上有黑色条纹，看起来有点像蒙面强盗。它们将猎物穿在刺上，食物有了支撑，吃起来比较方便。如果吃饱了，就留在那里以后再吃。所以这种鸟真的不是笨鸟。事实上，鸟类的智力良好。乌鸦被认为是地球上最聪明的生物之一，不仅会使用工具，甚至还会制造工具来获取食物！埃及秃鹫如果遇到无法携带的大型鸟类的蛋，就会用鹅卵石把这些蛋打破，喝掉里面的蛋液。

鸟类的浪漫

在交配的季节，许多雄鸟会用各种有趣的方法来吸引雌鸟。有些鸟类，如雄性织布鸟，会精心编织巢穴吸引雌性织布鸟，雌性织布鸟在接受求婚前，会来到鸟巢检查。雄性孔雀展示、炫耀自己的尾巴求偶，雌性孔雀通过观察决定是接受还是拒绝。雄性伯劳鸟也需要证明自己的价值。它们会收集一堆东西向雌性伯劳鸟展示。这些收藏品不仅包括昆虫或其他小动物的尸体，还包括色彩艳丽的装饰物。雄性伯劳鸟还会唱悦耳的歌曲，它们在交配季节的鸣叫和平时发出的那种尖叫声完全不同。雄性伯劳鸟甚至还会喂雌性伯劳鸟食物或为雌性伯劳鸟表演舞蹈。

如果雄性伯劳鸟经过一番努力工作和滑稽动作取悦之后，打动了雌性伯劳鸟的芳心，它们就会共筑爱巢。伯劳鸟的巢是杯状的，里面有很多东西，如叶子、草、羊毛、羽毛、破布、嫩枝、树根、嫩芽……，你懂的，就是所有可以用它们钩子一样的嘴叼起来、放在网状结构中的东西。各种伯劳鸟所筑的巢几乎都差不多。雏鸟孵出来后会得到精心的喂养。雏鸟的爸爸妈妈会为它们带回来昆虫、蜥蜴和其他美味的食物（有时会事先咀嚼过，使其变得柔软易嚼）。

别做鬼脸！小时候，爸爸妈妈都喂你吃了些什么？你根本不知道！

昆虫和鸟类

现在的你可能会摇着头感叹“屠夫鸟真的好凶残！”，但在感慨之前，我们先来看看这些以昆虫为食的鸟对我们有什么好处。

你们知道自然界中谁的繁殖能力最强吗？不，我们没有在讨论人类。是昆虫！每天都有新的昆虫种类被发现，好像仅在印度，昆虫的种类就远远超过3万种！

但是这和我们有什么关系呢？当你在厨房发现一只蟑螂时，你会怎么做？除了尖叫着跑向你的父母，你们家里还要定期做害虫防治，以控制讨厌的害虫数量。（不太确定是不是这样，有人说，你在厨房看到一只蟑螂，就意味着还有一百只你没有看到。）大自然中有那么多昆虫，如果得不到控制，数量就会不断增长，那么大自然是如何控制昆虫数量的呢？大自然提供的最先进、免维护的昆虫捕食装置就是——鸟！

不相信我说的？好，让我们来做一些实验。

实验 1

在理想状态下培养一对果蝇（一种小苍蝇）。理想状态意味着所有的卵都可以被孵化出来，一半是雄性果蝇，一半是雌性果蝇，且都能存活下来。不要在你的房间做这个实验，那样绝对达不到理想状态。仅一个季节，果蝇就可以繁殖 20 ~ 25 代。一对果蝇可以繁殖出如此多的果蝇，如果按每厘米放 1000 只果蝇的标准，将这些果蝇压缩成一个球，那么这个球的直径和地球到太阳的距离一样长！

实验 2

这次我们实验的昆虫是一对麦小蠹（北美洲发现的一种谷物害虫）。在理想状态下培养它们一个季节。仅一个季节它们就可以繁殖 13 代。在它们繁殖到第 12 代的时候，我们将它们排成一条直线，每英寸（1 英寸＝ 2.54 厘米）摆放 10 只麦小蛼。这条线有多长呢？你从一端开始，以光速（3.0×10^8 米/秒）沿这条线向前，要花 2500 年才能到达线的另一端。不要问我这段旅行时间内人类繁殖了多少代！

实验 3

培育一对卷心菜蚜虫（一种破坏性昆虫，在英国也被称为“植物虱子”）一个季节。到这个季节结束的时候，你将坐在火星或其他星球上阅读这本书。因为这些蚜虫的体重将是世界上所有人类体重总和的三倍！地球上没有人类生活的空间了。

所有这些听起来都不大可能是真的？还是你觉得“理想状态”这个词太模糊不清了？真的会发生像上面那样的事吗？

为了让你相信，我再举一个例子。在南非一个 15 平方千米的农场里，蝗虫若被允许在没有任何外界干扰的情况下产卵，这些卵将重达 14 吨！如果不清除这些虫卵，将孵化出 12.5 亿只蝗虫。

昆虫的破坏力

昆虫破坏力巨大，绝不仅仅只是让你吓一跳。很多昆虫会对植物造成巨大的破坏。下面举几个例子。

● 蚕吐丝很慢，但吃东西可不慢。在 56 天内，一条孵化期的蚕会吃掉相当于自身重量 86000 倍的食物！

● 一些食肉的幼虫一天就可以吃掉相当于自身重量 200 倍的食物！

● 一对麦小蠹（我们在实验 2 中讲过）的威力比所有国家的热核导弹放在一起的威力还要大。人类也许能在核弹中幸存下来，但是如果任凭麦小蠹在理想条件下繁殖，地球上将根本没有人类居住的地方。

鸟类的威力

什么是鸟？鸟是脊椎动物，体温恒定，长有羽毛，有两只脚。鸟也是大自然的最佳设计定制品，用来控制昆虫数量的增长。

鸟的主要移动方式是飞行。跑步比走路需要更多的能量，飞机比汽车需要更多的燃料。同样地，鸟类飞行也需要大量的能量。大多数时间，它们是从昆虫那里获取这些能量的。（昆虫是它们特有的蛋白质棒！）

大多数鸟都是食虫动物。它们不仅吃昆虫，还会吃幼虫和虫卵。

一对八哥爸爸和八哥妈妈每天要给它们的雏鸟带回 370 次食物，有毛毛虫，有蚱蜢，还有其他昆虫。如果你的妈妈一天不止三次，而是 370 次唠唠叨叨地要你吃东西，想想有多可怕！

一对麻雀爸爸和麻雀妈妈每天要给它们的雏鸟带回 260 次食物。

据德国一位鸟类学家观察和估计，一对鸟爸爸、鸟妈妈和它们的雏鸟每年会杀死约 1.2 亿个虫卵！

鸟类的其他超能力

鸟类还会像蜜蜂一样，为花朵传粉，为植物传播种子。渡渡鸟生活的岛上有一种树，在渡渡鸟“完蛋”，或者说灭绝之前，它们经常以这种树上的果子为食。这种果子的外壳非常坚硬，但是渡渡鸟强健的砂囊可以使它溶解。这些种子随着渡渡鸟的粪便排出，传播到各地生根发芽。这种植物就这样在渡渡鸟的栖息地繁荣生长。然而，渡渡鸟因为人类的捕猎而灭绝，这种树木也随之在岛上消失，因为这种树木的种子再也无法得到传播。

一只猫头鹰每晚要捕杀两三只老鼠。是因为它聪明才捕捉老鼠呢，还是因为它捕捉老鼠，人们才说它聪明呢？不管怎样，老鼠是人类生活中最常见的四害之一。

秃鹫通过吃掉死去动物的尸体来清洁环境。如果这些尸体在城市、村庄和丛林中腐烂，不仅会散发恶臭，还会传播许多疾病。

如果你喜欢读超级英雄的书或喜欢看超级英雄的电影，要

知道，所有会飞的超级英雄都是从鸟类那里学会飞的。不然，还有谁会知道怎么飞呢？最早的飞机发明者从鸟类这个飞行老师那里学到了很多东西。他们观察鸟类的飞行模式以及起飞、降落的方法，并试图在他们发明的飞行器中使用这些方法。二战以后，随着航空旅行的普及，工程师们发明了重型飞机。但是怎么能让这些重型飞机降落在短跑道上呢？他们想到了身躯沉重的秃鹫。秃鹫可以将它们大大的身躯降落在狭小的空间，而且只需要几步就可以起飞。虽然超级英雄们也可以，但是他们很难被发现（超级英雄总是喜欢在白天伪装成普通人），所以科学家们无法研究超级英雄，只能研究秃鹫的起飞和降落模式。通过研究秃鹫如何倾斜主翼羽（即沿着翅膀外缘与鸟类的“手”相连的长飞羽），科学家们成功制造了重型飞机。主翼羽为鸟类提供飞行动力，还可以通过各种旋转来控制方向，提升飞行高度。人们仿照这种模式制造飞机机翼，用来提供稳定的飞行。

消失……死亡……悲剧从未停止

可悲的是，全世界的鸟类数量正在迅速下降。短短十多年的时间，印度97%的秃鹫就已经消失不见。秃鹫的数量在20世纪90年代开始明显下降，是一种给牲畜服用的叫作“双氯芬酸”的药物导致的。经证明，双氯芬酸对秃鹫来说是致命的。秃鹫吃了含有双氯芬酸的动物尸体，导致大量死亡。

树林被砍伐，各种鸟类因为生活的家园被破坏而走向灭亡。人们在湖泊和池塘进行很多商业捕鱼活动，像鸬鹚和鹈鹕这样单纯以鱼为生的食鱼鸟类数量也日益减少。农民使用杀虫剂杀死土地上的昆虫，却没有给鸟留下充足的食物。事实上，许多鸟类由于食用了杀虫剂杀死的昆虫而中毒死亡。人们广泛采摘水果食用，这对那些以水果为食的鸟类来说，它们的食物就所剩无几了。

大家都说如果地球上没有人类，鸟类会很高兴。但是如果地球上没有了鸟类，我们却不会快乐。没有了鸟类，谁会在早上唱婉转的歌，在下雨的时候跳舞，又是谁会吃掉所有那些令人毛骨悚然的爬虫和腐烂的死老鼠？当然不会是我们！

所以，何不跟你的老师或父母走到户外，尝试寻找五种不同的鸟呢？或许你还会发现伯劳鸟呢！如果幸运的话，你可能还会看到伯劳鸟在展示它的模仿技巧。哦，对了，伯劳鸟非常善于模仿。不过，因为它不认识你，所以它可能不会模仿你。但是如果你耐心地倾听，特别是在伯劳鸟交配的季节，你会听到它们模仿鹦鹉或公鸡的叫声，甚至还会听到它们发出松鼠被老鹰叼走时的惨烈尖叫。所有这些都是为了给雌性伯劳鸟留下深刻的印象。伯劳鸟无疑是鸟中一个多姿多彩的角色——不仅会用有趣的方式捕猎、吃掉猎物，还会发出多种动物的叫声迷惑周围的鸟。如果有一天这么有趣的伯劳鸟也消失了，岂不是很遗憾吗？

有趣的鸟

● 地球上最常见的鸟是什么？是小鸡。

● 蜂鸟可以向后飞，拍打翅膀的频率约为 80 次 / 秒。

● 土耳其秃鹫（红头美洲鹫）通过呕吐恶臭难闻、半消化的食物来保护自己！

● 世界上最小的鸟是古巴的吸蜜蜂鸟。

● 17世纪灭绝的象鸟，是当时世界上最大的鸟，高达3米！

为什么野兔会吃自己的粪便

是的，你没有看错，野兔会吃自己的粪便。这不是什么秘密，神秘的是野兔为什么会这样做？人们认为吃自己粪便的行为非常不健康，更别提有多恶心了。为什么要吃自己的粪便？当然不是为了品尝或为了好玩，也不是为了向朋友炫耀或戏弄自己的妈妈。那么到底是为什么呢？

也许你会捏着鼻子、拉着脸说："兔子真的好恶心。"好啦，让我们一起来找出这个谜题的答案。不过，在开始之前，我们先来看一看野兔是一种什么样的动物，它和家兔有什么不同。尽管这两种兔子都会吃自己的粪便。

野兔？家兔？

如果爱丽丝来自印度，那么她只能跟随一只野兔，而不是一只家兔来到树洞。因为在印度根本找不到真正的家兔。这里只有野兔。

虽然野兔和家兔都属于兔科动物，也都是食草动物，但是它们之间存在着许多不同。

●野兔一般要比家兔体形大。

●家兔可以当作宠物养，但是野兔不行。野兔还没有被人类驯化过。

●野兔的后腿比家兔的后腿长，这使野兔比家兔跑得更快。欧洲棕色野兔的奔跑速度可达每小时60千米！当它们感到危险的时候，它们会按“Z”字形路线逃跑，以迷惑敌人。它们还可以跳得很高——高达2米！

●家兔会打洞，并在洞穴中产下幼仔。野兔会在相对开阔的地方、浅洼地或草做成的窝里生产幼仔。

●家兔刚生下来时眼睛是闭着的，身上几乎裸露无毛。而野兔一生下来就毛茸茸的，眼睛也是睁开的。野兔幼仔被产在草做成的巢穴中，缺乏身体保护，但身上的皮毛和睁开的双眼弥补了这一缺陷。出生不久的野兔幼仔就可以自己保护自己，不像家兔那样需要洞穴或更多的保护。

●家兔是群居动物，具有良好的社交性。野兔和家兔不同，野兔通常独自生活，不喜欢陪伴。

像老鼠？别瞎说！

家兔、野兔都和啮齿动物很像。直到 20 世纪初，大家都一直认为它们有亲缘关系。松鼠、老鼠、兔子……所有长着两颗突出牙齿的毛茸茸的小东西都是同类吗？科学家们意识到，即使是十岁的小朋友也能看得到这么明显的相似之处，所以他们必须努力思考，要比这些小朋友看得更深远。当他们看得更深远，更确切地说，当他们从家兔和野兔的嘴里看得更深远时，他们发现兔子的上颚长了四颗门牙（切牙），而不是两颗——前面一对大的，后面还有一对稍小的。此外，不像啮齿类动物，野兔和家兔都是严格的草食动物，而许多啮齿类动物也会吃肉。因此科学家们认为兔子和老鼠、松鼠没有亲缘关系，它们应该分到不同的动物科。

然而，老鼠、海狸、松鼠等啮齿动物和家兔、野兔等兔形类动物有一个共同点，那就是它们的门牙一直都在生长！这些用来切割和咀嚼食物的坚固门牙，需要控制生长速度，否则将变得无法控制。所以它们需要不断使用门牙切割、咀嚼食物，来控制门牙的生长。这很简单！家兔和野兔可以从食物的一端啃到另一端，这也有助于控制后牙的生长。还记得兔子是怎么啃胡萝卜的吗？你以为那是为了什么？

它们为什么会吃粪便？

野兔和家兔会产生两种粪便。一种是粪便颗粒，很硬，呈椭球形——如果你养了一只宠物兔子，那么你通常会看到这种粪便颗粒。兔子并不吃这种粪便。

还有一种叫作“盲肠便”或“夜间粪便”，这些粪便是黑色的湿润软便，也很臭。兔子吃的是这种粪便！野兔是夜间活动的动物。从黄昏到黎明是它们最活跃的一段时间。因为“夜间粪便”是在晚上排出的，所以野兔和家兔会在晚上的时候吃掉这种粪便。

家兔和野兔不能在开阔的地方悠闲地啃食青草和其他植被，因为它们是许多捕食者的猎物，如老鹰、狐狸、豺、狗、鹰、野猫，还有人类！兔子是许多动物的重要食物，所以它们绝对不能在外面逗留太久！它们快速地吞下牧草、嫩枝、水果、树叶、树根等，然后跑到藏身的地方。这些植物真的很难消化，为了保持健康，充分消化所有营养成分，野兔通过吃自己的粪便再次回收自己的食物。盲肠便，或者叫“夜间粪便”，含有丰富的营养成分，可能也很好吃，谁知道呢！

不过，你可别用冰淇淋或巧克力做这样的尝试——在晚上的时候将它们胡乱快速地吞进肚子里，然后等着第二天早上再次品尝吸收！你可能会发现它们没有之前那么好吃！

蹦蹦跳跳的野兔

野兔和家兔身上确实有一些特征可以帮助它们智胜捕猎者。它们的后腿很长，可以一下子跳开。长长的耳朵能在很远的地方捕捉到捕猎者靠近的声音。眼睛长在头的两侧，可以使它们获得 360° 的视野。生活在热带或其他炎热地区的兔子的耳朵要比那些生活在较寒冷气候下的兔子的耳朵更长一些。这并不是因为较热气候下的兔子需要更灵敏的听力，而是因为较大的耳朵有助于它们散发身体多余的热量。耳朵越大，兔子的身体就越凉爽。

在白天的时候，野兔可以一动不动地趴着。除非你偶然间撞上它，否则你真的很难发现它。被你撞上后，野兔会飞快地逃走，跳了一段时间后会停下来看你是否追上来。此外，它们的大眼睛能吸收足够的光线，即使在黑暗中也能看得很清楚。夜间才是它们活跃的时候。

疯狂如三月的野兔

兔爸爸叫雄兔，
兔妈妈叫雌兔，
兔宝宝们叫小兔，
一群兔子叫兔群，
3月的兔子叫疯子！

那么，孤独的、害羞的野兔在3月的时候到底发生了什么事？3月左右，春天来到了大地，这也是野兔交配的季节。这个时候，人们经常看到野兔在草地上互相追逐，进行拳击比赛，用它们的爪子互相攻击！

这似乎是雄性兔子之间为了争夺统治地位而进行的竞争。将另一只雄兔赶走的野兔，会留下来，受到这个区域雌兔的青睐。

野兔和家兔起源于中国吗？

在中国发现了一些属于某种在地面活动的食草动物的颌骨和牙齿。科学家们困惑不已，他们想知道野兔的妈妈的妈妈的妈妈是否源自中国。这很有可能。化石和其他证据表明，家兔和野兔的祖先起源于亚洲，很可能就在中国。

事实上，在中国和世界上的其他很多地方，都有关于野兔的传统信仰和民间传说。至于野兔为什么会出现在民间传说中，原因尚不清楚。很可能是因为它们分布广泛、数量众多，或是因为它们奇怪的特征和饮食习惯。

你有没有看过月亮上的黑色阴影，特别是那块很像美人的阴影？中国人认为那个弓着身体坐在月亮上的美人实际上是一只野兔！

就连日本人和墨西哥人也认为月亮上的黑斑是野兔的轮廓。在非洲民间传说中，野兔常常是个骗子。而在爱尔兰，兔子常常和仙女联系在一起。天空中天兔座的形状是一只野兔。

在中国，有很多关于兔子的传说。其中一个是这样的：相传有三位神仙变成三个可怜的老人，向狐狸、猴子、兔子求食，狐狸与猴子都有食物可以济助老人，唯有兔子束手无策。后来兔子说："你们吃我的肉吧！"，说完便毫不犹豫地跃入烈火，将自己烧熟。神仙大受感动，把兔子复活并送到天上的月宫成仙，兔子便成了玉兔。

不见兔子不撒鹰——狡猾的猎兔人

曾几何时，印度人会用一些奇怪的方法猎杀可怜的野兔。有些人认为野兔是有害的动物，为了保护田里的庄稼，必须控制野兔的数量。当然，人们猎杀野兔也是为了吃它们的肉，获取它们的血。

有些印度人相信野兔的血可以治疗伤寒。因此，在杀死野兔的时候，人们会将棉花浸泡在野兔的血中，然后再将棉花晾干。如果有人得了伤寒，就把干棉花放在水里，获取血液治疗病人。听起来很荒谬，对吧?

由于野兔非常聪明，总能躲开那些捕食者，所以人类就想出了各种各样相当恶劣的方法来捕捉野兔。下面就来讲一些。

1. 设陷阱。

2. 在月圆之夜，人们躲大树的树影之中。当野兔出来吃草时，可能会有一两只野兔一边吃草一边朝树影方向移动。这时，人们就会向野兔附近扔一块石头。野兔以为有捕食者，就会从月光下躲进树影中。人们就会抓住时机，将这个被骗的小动物用棍子打死。

3. 夜晚的时候，两个人走在野外，将一张竹席竖立起来挡在前面。竹席前面挂着一盏灯笼，人走在竹席后面的阴影中，这样就不会被发现。一个人举着竹席，另一个人一手拿着棍子，一手拿着脚踝响铃。野兔会被这奇怪的响声和灯笼发出的光吸引，因为好奇而逐渐靠近竹席。等兔子一靠近，拿棍子的人就会用棍子猛击兔子。

世界上很多地方的人都会猎杀野兔。因为野兔身上的肉都是瘦肉，脂肪含量很少。罐炖野兔肉就是英国和法国的经典菜肴。

野兔是食物链和生态系统中极其重要的组成部分。它们分布广泛，品种繁多。世界上很多地方都生活着大量野兔。大大小小的食肉动物都会捕食野兔。有时，如果体形较大的食肉动物抓不到较大的猎物，就靠抓野兔来填饱肚子。

喜欢吃野兔肉的人类，似乎对这种在野外跳来跳去的小动物格外着迷，或许是因为它们强大的繁殖能力，或许只是因为它们可爱的外表。说真的，这么可爱的动物，你忍心去猎杀吗？

难以理解的食粪性

●食粪性（癖）是用来形容食用粪便的术语。猜猜这个词源自哪里？希腊语！它既可以指食用自己粪便这种情况，也可以指食用其他同类动物，甚至完全不同类动物排泄物的情况。

●一些昆虫，包括某些种类的蝴蝶，会吃体形较大动物的粪便。屎壳郎，顾名思义，就是一种食粪昆虫。最常见的食粪昆虫就是苍蝇。

●在美国，人们会用鸡粪喂牛，认为鸡粪含有蛋白质。

●大象、熊猫、河马等动物的幼崽会吃母亲的粪便，以获取消化食物的细菌。大猩猩吃自己或其他大猩猩的粪便，以便更好地吸收营养物质。

●当然，还有猪，它们不仅吃自己的粪便，还会吃其他动物的粪便。在某些国家，曾经有一种修建“猪厕”，用人类粪便养猪的古老方法。

犀牛的角是假的吗

你可能会买到假的芭比娃娃、假的染发剂、假指甲、假花，你甚至还可以假装肚子疼（如果你想要逃学的话），露出假笑，甚至假装流出眼泪。但是你怎么才能长出假的角呢？这真的很难做到。除非你是一个外星人或魔法师，或者魔法师外星人，或者外星人魔法师。但是，犀牛却可以做到。假角？到底是什么意思？想要找到答案，就继续读下去吧。

犀牛到底是何方神圣？

犀牛既不是魔法师也不是外星人，它只是一种有蹄类动物。有蹄类动物分为两种——脚趾个数为偶数的偶蹄类动物和脚趾个数为奇数的奇蹄类动物。偶蹄类动物包括牛、鹿、山羊、猪等，奇蹄类动物包括马、貘和犀牛等。

在古近纪和新近纪的时候（6500 万年前到 260 万年前），地球上的奇蹄类动物更多，如居住在原始丛林的貘马和体形庞大的雷兽。然而，随着草越长越高、越来越粗糙，大多数食草的奇蹄类动物都灭绝了，因为它们的胃结构比较简单，无法消化吃下去的食物。而胃结构相对复杂的偶蹄类动物则能更好适应这一变化，在进化中脱颖而出。这些偶蹄类动物的脚趾排列十分独特，如果你画一条中轴线，线会在它们的第三个和第四个脚趾之间穿过。第三个和第四个脚趾很大，且长短相等，看起来好像一只蹄子被分成了两半。犀牛有三个脚趾，马有一个功能性脚趾，貘有四个脚趾。四个？这不是偶数吗？难道是我数学学得不好？没错，貘确实有偶数个脚趾，但它也确实是奇蹄类动物，因为它后脚有三个脚趾，前脚有四个脚趾。

除了在南美洲和中美洲发现的貘，奇蹄类动物都是旧大陆动物。“旧大陆”并不是字面意义上的更古老的大陆，而是指亚洲、非洲和欧洲。相较于被称为“新大陆”的美洲大陆而言，旧大陆是指在美洲被“发现”之前就被世人认知的世界。

关于犀牛的几件小事

犀牛体形巨大，骨骼坚实，皮肤很厚，四肢短粗，在地球上已经生存了五千多万年。

在亚洲和非洲发现的犀牛只有五种，但它们彼此之间存在很大的差异。甚至非洲的黑犀牛和白犀牛也在一百万年前彼此分离，成为不同的物种！

所有种类的犀牛体重都在 1 吨以上（白犀牛的体重甚至超过 3.5 吨！），是地球上为数不多的巨型动物之一。

犀牛是食草动物，以青草和树叶为食。因为生活习性的不同，它们的栖息地也各不相同。例如，印度的独角犀牛更喜欢生活在草原和沼泽地，它们偏爱啃食青草，它们的磨牙也更适合这种啃食方式。而爪哇犀牛磨牙的牙冠很低，因而更喜欢嚼食植物，而不是啃食青草，所以它居住在森林，而不是草原。

虽然犀牛体形庞大，但是它们的奔跑速度并不慢。猛冲的犀牛速度可达 50 千米 / 时，是世界上跑得最快的人的速度的两倍多。还有，它们是用脚尖奔跑的！

相对于犀牛的大身躯来说，它们的大脑很小（大脑重量只有 400 ~ 600 克，而体重超过 1000 千克）。

犀牛的寿命为 35 ~ 40 岁，妊娠期（孕期）大约 16 个月。

虽然犀牛，尤其是雄性犀牛，通常单独行动，但有时犀牛也会成群结队地出现。一群犀牛出现时可谓是“横冲直撞”。

黑色、白色……还是灰色？

猜一猜是谁给犀牛（rhinoceros）命名的？没错，就是那些希腊人。“rhino”是鼻子的意思，“ceros”是角的意思。

犀牛的角是如此独特，以至于许多鼻子上长着有趣器官的动物名字也会和“犀牛”有关！如：犀牛蟑螂、犀咝蝰、犀牛鬣蜥、犀牛鼠蛇、犀牛甲虫、马来犀鸟……好吧，我想你肯定已经知道为什么了。

世界上有五种犀牛，生活在不同地方。

白犀牛
栖息地：非洲
角的数量：2个

白犀牛并不是白色的！在南非荷兰语中，它们曾被叫作“维特(weit)”，意思是大嘴巴。这个名字听起来可能有些粗鲁无礼，但是它们的嘴巴确实扁平宽大，便于吃草。关于“白犀牛”这个名字并没有确切的解释，很可能是把“weit”误认为是“white（白色，两个词发音接近）”。尽管这种犀牛实际上是灰色的，但是大家还是沿用了“白犀牛”这个名字。在所有犀牛中，白犀牛体形最大。世界上最大的白犀牛有4.5吨重！或许“灰巨人”这个名字更适合它。

黑犀牛
栖息地：非洲
角的数量：2个

黑犀牛也不是黑色的！那为什么叫这个名字呢？没有人知道确切原因。它的体形比白犀牛小。它的嘴唇很特殊，又长又尖，而且能够卷曲，善于“抓”东西，甚至可以吃带刺灌木的叶子，或从细树枝上摘下小小的叶片。

苏门答腊犀牛
栖息地：亚洲
角的数量：2个

这是世界上现存最古老的犀牛。它的近亲是早在1500万年前就在地球上游荡的长毛犀牛，不过如今早已灭绝。长毛犀牛是毛最多的犀牛。你在笑什么？别忘了你也是由多毛的猿类进化而来的！

爪哇犀牛
栖息地：亚洲
角的数量：1个

爪哇犀牛是世界上最濒危的大型哺乳动物之一，也曾出现在印度。现在全世界仅存60只爪哇犀牛或者更少，它们栖息在越南和印度尼西亚的爪哇。

印度犀牛（大独角犀）
栖息地：亚洲
角的数量：1个

印度犀牛是体形最大的犀牛之一，是第五大的陆地动物。它肩膀前后和大腿前的皮肤厚重，有褶皱，看起来好像穿了很酷的防护铠甲。它的肩膀和身体两侧布满了圆形的疣。曾经在巴基斯坦到缅甸的区域都有发现印度犀牛，但是现在大多数印度犀牛都被关在阿萨姆邦的卡兹兰加国家公园。

犀牛扑火

有这样一个传说，如果犀牛看到森林着火了，它就会到那里把火扑灭。在非主流电影《上帝也疯狂》中，一头非洲犀牛扑灭了篝火。但是这只是一个传说，就像月亮上的神仙一样。（不要告诉我，你真的认为月亮上有个神仙！）

在民间故事和传说中，犀牛会被打上脾气暴躁的烙印。同样，这也不是真的。它们的视力很差，胆子很小，只有当敌人非常靠近的时候，它们才能看到敌人。不过它们的嗅觉和听觉十分敏锐。

犀牛鸟：犀牛最好的朋友

除了有敏锐的听力和嗅觉，犀牛还有好朋友。犀牛鸟总和它们在一起。这些鸟落在犀牛身上可不是为了抓痒逗犀牛开心，而是在吃犀牛皮肤上的寄生虫。而且当它们感觉到危险靠近的时候，也会向犀牛发出警报。在斯瓦希里语中，啄牛鸟或犀牛鸟被叫作“阿斯卡里·瓦·基法鲁(askari wa kifaru)”，是“犀牛的警卫”的意思。八哥、白鹭和其他类似的鸟都是印度犀牛的警卫鸟。

怕晒的犀牛

犀牛厚实的、铠甲似的皮肤并不像看起来那样坚实。虽然那层厚厚的皮肤（1.5 ~ 5 厘米厚）可以保护犀牛免受荆棘和草的伤害，但事实上它也非常敏感，害怕太阳晒和昆虫叮咬。那么犀牛会怎么做呢？它们会在泥里打滚，用沾满泥巴的方法来保护自己的皮肤！

神奇的犀牛

从人类最早的文明开始，人类就对犀牛十分着迷。在印度河流域文明中发现的印章上可以看到许多犀牛的图案。很多人相信犀牛的血液和尿液有神奇的力量。

印度和尼泊尔关于犀牛的奇怪传统

●人们相信，从犀牛角制成的杯子里倒出来的水和牛奶能使死者的灵魂获得快乐。

●犀牛的尿被认为有防腐杀菌等的功效，因此人们把犀牛的尿装在容器里，挂在门上，用来驱赶疾病和恶魔。

在中国、缅甸和泰国也有其他类似的奇怪信仰。今天，犀牛被杀的主要原因是人们想要获得它的角。犀牛的角被视为传统医药或被用来做装饰品。按重量计算的话，犀牛角的价值甚至超过了黄金！北美和欧洲的一些博物馆经常发生犀牛角抢劫案。

讨厌的偷猎

人类是犀牛在自然界唯一的捕猎者。饥饿的狮子或鳄鱼可能会猎杀生病或年幼的犀牛作为食物，但为了获取犀牛角而杀死犀牛的仅有人类。

一千克犀牛角可以卖到 65000 美元（约 450000 元人民币）或者更多。在世界上现存的五种犀牛中，有三种犀牛已经属于极度濒危动物——即爪哇犀牛、北方白犀牛和苏门答腊犀牛。作为白犀牛的一个亚种，生活在野外的北方白犀牛仅有四头或更少！据 2019 年发布的数据估计，世界上仅存不足 60 头野生爪哇犀牛，苏门答腊犀牛的野生数量可能不足 100 头。这意味着它们可能会像长毛犀牛或猛犸象一样灭绝。

偷猎者会用什么卑劣的方法猎杀犀牛呢?

印度犀牛会在特定的地方排泄粪便。这些地方堆积的粪便可以达到 1 米高！犀牛靠近粪堆准备排泄时，它会倒着走。这时的犀牛很容易被攻击，因为它根本看不到移动方向的情况。卑鄙的偷猎者就利用这一点，在粪堆附近设下陷阱，埋伏等待。

假角之谜

争来抢去，只是为了一个假角！

有些犀牛有一个角，有些犀牛有两个角，一个长在另一个后面。其实，犀牛角只是许多紧紧压缩在一起的丝状物！由大量从皮肤上长出来的纤维组成，构成成分为角蛋白——与人类指甲和头发的构成物质相同。就像我们的头发和指甲一样，犀牛的角一生都在生长，而且被折断后，也会重新生长。所以严格来说，犀牛的角是“假”的，因为真正的角的核心部分应该是如假包换的骨头，表面覆盖一层角蛋白。

因此，如果你站在森林之中，一头印度犀牛向你发起攻击，它会试图用锋利的门牙和犬齿来攻击你，而不是用它的假角。而你绝对跑不过一头犀牛，所以赶快找最近的一棵树爬上去！

动物的角

●鹿角不叫犄角，叫茸角。茸角是骨质结构，每年都会脱落和再生。而犄角是覆盖着角质鞘的骨头，终生生长，不会脱落。

●有些鹿会吃自己脱落的鹿角，以获取钙质。

●三角龙（希腊语名字的意思是“长着三个角的脸”）是一种大形四足恐龙，长有非常大的骨质头盾和三个角，样子有点儿像犀牛。

●还有一种恐龙叫戟龙或刺盾角龙（希腊语名字的意思是“长着尖刺的蜥蜴”）。它的鼻子上有一个角，脸颊上各有一个角，脖子处的头盾上长有 4 ~ 6 个角！难怪希腊人觉得它“长着尖刺”！

●法国圆号不是法国人拿着的圆号，而是一种铜管乐器。最初，这些乐器真的是由动物的角制成的。

狞猫的速度到底有多快

狞猫是一种猫科动物，在古埃及拥有特殊的地位，被认为是死去法老的守卫。人们会用狞猫的雕刻守卫法老的坟墓。除此之外，狞猫还有一种技能——惊人的速度。到底有多快？继续读下去吧。

狞猫是谁?

就像犀牛以角得名，麝猫以气味得名，狞猫是因为耳朵而得名。在土耳其语中，“kara kulak”是“黑耳朵”的意思。在印度，狞猫也被叫作“siyahgosh”，这是波斯语，“siyah”表示“黑色”，“gosh”表示耳朵。

这种黑耳朵的猫科动物其实是野猫的一种。那么什么是猫科动物呢? 猫科动物体形大小不一，包括狮子、老虎、美洲豹、猎豹、猞猁和狞猫等。猫科动物是所有食肉动物或猛兽中最完美的一个“部落”。它们具有身手敏捷、力量强大、高智商、体态优雅等特征，这使它们成为动物界的完美杀手。怎么? 不相信我的话? 那你就继续往下看，然后做出自己的判断吧。

猫科动物小百合……呃，不对！是……小百科

爪子

爪子是猫科动物的攻击武器。由于有弹性的韧带牵动，猫科动物的爪子可收在脚掌之下。韧带还会使爪子接触不到地面，这样爪子就能保持锋利。猫科动物的爪子伸缩自如，有保护鞘。有些猫科动物的保护鞘比较发达，也有一些猫科动物的保护鞘没那么发达。在猫科动物即将发动进攻时，可伸缩的爪子就会从保护鞘中伸出来。在整个进攻过程中爪子都会裸露在外。

感官

它们的感官，尤其是听觉和视觉，高度发达。在所有食肉动物中，猫科动物的眼睛最大。大大的竖立的耳朵，能捕捉到极细微的声音。它们不仅能用胡须感知事物，还能用前臂上那些很像胡须的刚毛感觉。(四足动物的前臂是指前腿上半部分。)

脚

猫科动物的脚十分强壮，可以闪电般快速冲刺或者一跃而起，帮助它们抓住猎物。在潜行追踪的时候，它们会用脚尖走路，悄无声息地靠近猎物。很多猫科动物，如老虎等，走路时后脚会准确落在前脚的落脚点，行走的声音很小，不会被轻易发现。如果你观察它们留下的足迹，就会发现那看起来就像两足动物的踪迹。

牙齿

像犬科动物那样，大形猫科动物拥有又长又尖的牙齿。这些牙齿要比它们的其他牙齿长得多。当它们闭上嘴时，犬齿是参差不齐交错密合的。当它们张开嘴巴，这些犬齿就能刺入猎物，控制住猎物，使其不能动弹，并将之杀死！

体色（保护色）

猫科动物皮毛的颜色有助于它们在周围环境中伪装、隐藏自己——无论是高山、森林、草原还是丛林等。不同物种，会呈现出深浅不一的黄褐色体色，斑纹亦不相同。即使是同一物种，生活区域不同，体色亦有差异。在北极地区的猫科动物，体色很少呈鲜艳的颜色，而随着生存环境温度和湿度的增高，毛色也会变得越来越深，越来越丰富。

舌头

你以为舌头只是用来品尝的吗？你的是，但猫科动物的不是！猫科动物的舌头布满倒刺，很粗糙，就像一张砂纸，可以将附着在猎物骨头上的残肉舔得干干净净。它们的舌头能紧紧粘在你的手指上，就像强力胶水一样！

所以现在你明白了吧，猫科动物是食物链中顶级的捕食者。在食物链中，每种生物都扮演着重要角色，都要发挥自己的作用。食肉动物捕食动物，食草动物以植物为食，杂食动物既吃动物又吃植物，食腐动物吃动物尸体，寄生虫寄存在活着的生物体内。不过，有时食肉动物也会吃动物尸体，食腐动物也捕食猎物。

土耳其语和波斯语中的“黑色耳朵”

狞猫是一种野生猫科动物，毛茸茸的耳朵后面呈黑色。因为它的耳朵毛茸茸的，后腿很长，看起来很像猞猁，所以也被称为“沙漠猞猁”。但是它并不是猞猁，因为它体形较小，脸周围也没有颈毛，尾巴也更长。狞猫和薮猫、非洲金猫的亲缘关系更近。

狞猫的栖息地多种多样，从半沙漠地区到草原，再到茂密的大森林，都可以找到它们的身影。但是它们更偏爱半沙漠地区和灌木丛。虽然在亚洲和非洲的很多地区都可以发现狞猫，但狞猫在印度却很稀少，而且濒临灭绝。人们猎杀狞猫，有时是为了获取皮毛，有时是因为狞猫祸害了他们饲养的牲畜。

就像你的家是你的地盘（抱歉，只有你的房间是你的地盘），狞猫也有自己的地盘。它们的领地通常覆盖方圆数十千米的地方！狞猫通常单独生活，在交配期也会成双成对地生活。它们会把粪便排泄在显眼的地方，在灌木丛和树木上撒尿，用这种方式来标记自己的地盘。

除了腹部有一些浅色的斑点外，狞猫的皮毛上没有斑纹。它们的皮毛呈黄褐色、灰色或酒红色，或者呈沙子的颜色。和那些生活在树林里的狞猫相比，生活在干旱地区的狞猫的皮毛颜色要淡一些。

狞猫趣闻

●狞猫眼睛的瞳孔不会像小型猫科动物那样收缩成狭缝，而是像大型猫科动物那样呈圆形。

●虽然狞猫的爬树技术很好，但主要还是在地面生活。

●狞猫幼崽会和妈妈一起生活一年左右。据悉，被圈养的狞猫可以活到16岁。

●狞猫可以仅靠猎物的体液就能满足它们对水的需求，因此它们可以在没有水的情况下生存很长时间。

●狞猫会偷偷跟踪猎物，然后猛地冲上去捕杀。如果它们猎杀了一只较大的动物，一餐吃不完，它们会把剩下的食物藏起来，以后再吃。

●狞猫会发出各种警告的声音——咆哮、发出“嘶嘶”或“咕噜咕噜”的声音，有时甚至会发出吠叫声。

狞猫在埃及

在古埃及，猫科动物，包括狞猫，被赋予了特殊的意义。墓室里有狞猫的壁画。狞猫的雕刻守卫着法老的坟墓。

古埃及人已经熟练掌握尸体防腐的技术。他们也会对猫科动物的尸体进行防腐处理。人们已经发现了很多猫科动物制成的木乃伊，其中就有狞猫木乃伊。

三脚猫功夫?

我敢打赌，你现在一定很生气：“这一章不是叫狞猫的速度到底有多快吗，到底还讲不讲？”稍安勿躁，我们马上就要进入这个话题了。

狞猫非常敏捷，是技艺惊人的杂技演员，因为它们的眼睛、脚和长长的后腿具有完美的协调性。过去，在印度和伊朗，狞猫被当作宠物饲养。狞猫很容易训练，就像猎豹一样。以前，人们会驯服猎豹，用来捕猎小鹿、野兔、狐狸以及鸟类，如鸽子、鹤、孔雀等。

印度和伊朗曾经风靡过这样一项赛事——猎杀飞鸽！狞猫是这项赛事的主角。将一只狞猫放入鸽群，观战者要对它能击落多少只鸽子下赌注。有的狞猫明星选手可以一跃而起，在鸽子飞离地面之前就一下击倒九到十只，甚至连你嘴里这句“开玩笑！”还没说完。什么“三脚猫功夫”？这词有点冤枉猫了，人家有真正的实力。

提到非凡的速度，我们大多数人都会想到猎豹——地球上速度最快的动物。但是现在，我们知道还有一种动物叫作狞猫，或者波斯语中的“黑耳朵”，也可以如箭矢般飞快奔跑。但在贪婪的人类面前，再快的速度也不能保护狞猫免受伤害。在印度，飞奔的狞猫正在快速逼近的不是这样那样的猎物，而是即将灭绝的事实。就像猎豹一样，或许不久的将来，狞猫就会在印度消亡。

如果我们能像狞猫守卫法老墓一样保护狞猫，或许还可以将它们从灭绝边缘拯救回来。人们为了拯救老虎付出了很多努力，但是没有人做出一点儿努力去拯救狞猫。在印度，为狞猫留下的生存空间比老虎的还少。所以下次如果再有人谈论拯救老虎的时候，你或许也可以和他们谈一谈如何拯救狞猫。

速度最快的动物

●游隼是世界上速度最快的鸟，事实上，它也是整个动物王国速度最快的动物。当它发现猎物时，从空中俯冲而下的速度可达到389千米/时！

●供垂钓的黑枪鱼游泳速度可以达到130千米/时。

●松尾蝠能以96千米/时的速度飞行。

●远距离奔跑最快的动物是美洲羚羊，奔跑速度约为88千米/时！

●人类所能达到的最高速度大约只有45千米/时。

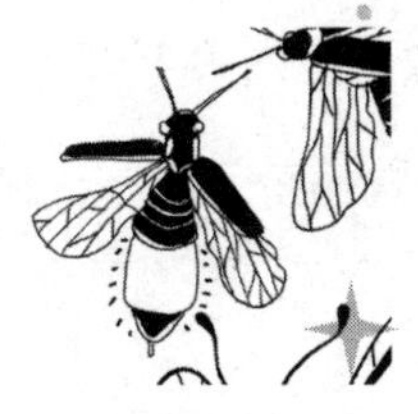

萤火虫为什么会发光

想象一下，如果你有个会发光的屁股会怎么样？一定会成为众人的笑柄吧。但是萤火虫不会被笑话，萤火虫还有一个诗意的名字——流萤。腹部会发光，萤火虫没有因此沦为笑柄，反而成了被研究的对象。

你可能会想，难道萤火虫会魔法吗？那么，首先我们要了解你口中的魔法本质上都是些什么。女巫给你的能让你们班里的霸王喝了脸就变绿的药剂，其实就是一种强力草药合剂。飞毯的底下很可能藏有螺旋桨。能让你隐身的长袍很可能就是一个谎言。在萤火虫事件中，魔法就是化学物质。

诡异的生物发光

古时候的水手经过海岸时，常常会看到闪闪发光的萤火虫到处飞舞，还以为萤火虫是发光的小精灵。如果我们不了解萤火虫是如何发光的，可能我们也会那样认为吧。

萤火虫通过体内的化学反应发光的现象称为生物发光。发光部位为萤火虫下腹部。萤火虫发出的光是“冷光”，不是“热光”。物体处于高温状态下而自发光的现象叫作“白炽”，如灯泡发出的光。热光会灼伤萤火虫的内脏！

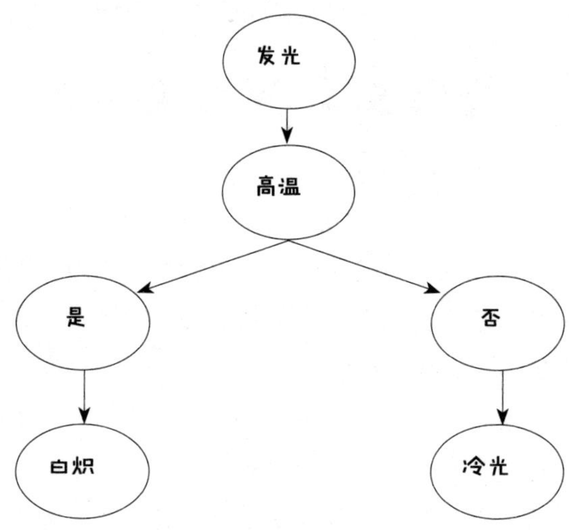

活着的生物产生冷光的现象称为生物发光。

除了南极洲，在世界各大洲都可以看到萤火虫。它们喜欢温暖潮湿的天气，会在夏季出来活动。全球已知萤火虫约有两千种。萤火虫是陆地上最常见的发光生物。其实这种发光现象在海底更为普遍。海底的许多真菌、鱼类和其他海洋生物也会发光！它们发出淡红色、黄色或绿色的光芒。在黑暗的海洋深处看到这些发光的生物确实是一种奇妙的体验。

哇哦！怎么做到的？

我们去看看萤火虫是如何发光的。

这里有两种化学物质——萤光素酶（luciferase）和萤光素（luciferin）。
怎么？它们的英文名字真的很难念吧？那么你们有没有听过路西法（Lucifer）呢？这些化学物质是以他的名字命名的。
萤光素酶是一种能够产生生物发光的酶。萤光素是一种耐热物质，在适当的条件下可以发光。这两种物质与氧气、ATP（三磷酸腺苷）发生反应，产生光。
看到了吧，我们的能量几乎100%以光能的形式释放。不像你们人类的普通灯泡，只有10%的能量转化成光能，其余90%的能量都以热能的方式浪费掉了。冷光真是太酷了！

这些会发光的萤火虫个头虽然小，但用处却大极了。科学家想知道动物的基因能否移植到植物上。1986 年，美国的科学家将萤火虫的基因植入烟草植株中，成功地培育出了发光的烟草！

有些航天器肩负使命，例如被发射到火星和研究寻找外星生命踪迹的航天器。这些航天器中装有化学物质萤光素酶。如果探测到 ATP（三磷酸腺苷）的存在，那么外太空存在生命的可能性就非常大。萤火虫的萤光素酶也被用于医学研究，如作为报告基因使用。报告基因是附加在其他基因上的一种基因，用来追踪目的基因的序列和活动，从而可以更好地了解某些疾病，如癌症。萤光素酶发光能力强，是一个优秀的报告基因。

萤火虫不仅对科学家来说很有用处，对艺术家们同样如此。专家们揣测意大利著名画家卡拉瓦乔可能为了创造出一个光敏表面的画布，用干萤火虫粉对画布进行了处理，之后将要绘制的图像呈现在这样的画布上面。

萤火虫为什么发光？

萤火虫为什么发光？当然不是为了给古代水手编写神话故事提供灵感和素材。

它们通过光的闪烁或稳定发光彼此交流，更主要的用途是吸引配偶。不同种类的萤火虫会用不同的闪光模式和波长进行交流。（现在你知道为什么会有人说你和他不在一个频道上了吧！）某些种类的萤火虫，雌性萤火虫不会飞，只能通过光信号对发光的雄性萤火虫作出回应。有些不同种类的萤火虫闪光模式很相似，为了避免混乱，它们会在不同高度飞行。

有些萤火虫在白天飞行的时候并不发光，而是通过信息素进行交流。信息素通常是指动物或昆虫为了吸引配偶而产生的一种化学物质。

有些萤火虫，特别是在热带地区，会出现这样的状况——成千上万只萤火虫仿佛接收到了统一的指挥信号，同时发光和熄灭。这很可能是一种社交行为或饮食习惯，谁知道呢，或许只是一种态度！

这还不是全部。有些雌性萤火虫还能模仿其他种类萤火虫的闪光信号。它们这么做是为了什么？当然是为了引诱其他种类的雄性萤火虫前来，然后再把它们吃掉。

漂亮的发光虫

不仅萤火虫幼虫会发光，就连它们的卵也会发光。所以萤火虫的幼虫被称为“发光虫（GlowWorms）”。（在美国和欧洲，发光虫泛指不同种类甲虫的幼虫。）萤火虫将它们的卵产在河床和沼泽附近地表之下的潮湿土壤中。当幼虫，或称发光虫，孵出来的时候，可以获得足够的食物。这些虫子可不是些亲切友好的、会发光的小可爱，而是专业的捕食者。它们的猎物包括蜗牛、鼻涕虫和其他虫子的幼虫！有些萤火虫幼虫长有特殊的槽状颚，在靠近嘴巴的地方长有一对锋利的、弯曲的牙齿状延伸，能将消化液直接注射进猎物的身体！

萤火虫幼虫会在冬季冬眠，在地下或树皮下沉睡。有些幼虫不只睡一个冬季，而是一睡就睡好几年！一旦它们醒了，就开始进食。大吃特吃好几个星期后，它们就会躲进泥巴房中，变成蛹。等它们再从蛹中出来时，就变成了腹部会发光的萤火虫！成年萤火虫吃的并不多。有些萤火虫会去捕食猎物，但许多萤火虫根本不吃这些猎物。如果它们饿了，也只会吃些花粉、花蜜或露水。成年萤火虫只能活几天。

萤火虫之死

我们砍伐丛林，填埋了沼泽和池塘，在这些地方建造人类的居住区。我们把垃圾扔进清澈的小溪，汽车、空调和其他诸如此类的东西造成了空气污染，等等。种种行为的恶果就是，萤火虫没有了生存的地方，它们开始灭亡。我们在农场使用的杀虫剂也会杀死萤火虫。

萤火虫对光十分敏感，即便是夜晚的月光，对它们来说也太亮了。城市里明亮的灯光如此耀眼，可怜的萤火虫发出的微光完全消失在这炫目的灯光之中。如果它们不能互相发送信号，它们就不能交配，也没办法进行繁殖。只要我们晚上不在花园里开太多的灯，就可以帮助萤火虫！

有的地方还有很多萤火虫，那里的孩子和大人喜欢将捉到的萤火虫放进罐子里过夜或者带着这个罐子出去野餐或到花园烧烤；早上再将它们放掉。不幸的是，在许多地方，萤火虫已经完全消失了，人们也已经完全忘记了这些会发光的小虫子。

但愿我不是你的猎物

在大自然中，动物通常都试图将皮肤或皮毛的颜色融入周围环境来隐藏自己，无论是捕食者还是猎物。但是也有少数动物不但不将自己隐藏，还会通过鲜艳的颜色来展示它们的存在。这些大胆的动物通常有属于自己的防御机制——有毒或有令人作呕的臭味。如果捕食者曾经有过这样糟糕的经历，以后就会避开这些动物，躲得远远的。

萤火虫没有警戒色，但是有警戒光。它们的味道很糟糕，有些萤火虫甚至还有毒。萤火虫用它们的冷光和配偶交流、吸引毫无戒心的猎物、警告捕食者，更重要的是，整个过程显得那么漂亮。我们就做不到那样。嗯……现在想一想，或许它们真的是小精灵，只是被我们误以为是发光的虫子。

会发光的动物

●有种外观精致、几乎透明的水母会吞食其他水母，并发出蓝绿色的光芒。

●幽灵菌（Ghost fungus）是一种有凸纹的蘑菇，有毒，在黑暗中能发出漂亮的光。

●西太平洋发现的萤火鱿，会通过发光吸引小鱼。

●看起来怒气冲冲的深海琵琶鱼的头部长有一个肉质发光体，起诱饵的作用。（琵琶鱼的英文为“angler fish”。其中“angler”是“垂钓者”的意思。而琵琶鱼头部长着一个细长肉质发光体，就像一根鱼竿，这就是它名字的由来。）

●腰鞭毛虫是单细胞海洋漂浮生物。某些腰鞭毛虫的变种可以在水中发光。

懒熊的拥抱是“爱的抱抱”吗

毛发乱蓬蓬、邋里邋遢、过着与世隔绝的生活的懒熊，真的很浪漫吗？懒熊披着一身黑色的皮毛外套，迈着缓慢摇摆的步伐，有时四足行走，有时两足直立行走，它们真的会拥抱人类吗？让我们来一探究竟，看看这个浪漫的故事到底是事实还是纯属虚构。

熊的拥抱

首先，我们先对熊的解剖结构、天性和行为进行一番分析，来看看熊都有什么特点。

熊有三大弱点：视力差、听力差、笨拙。

最重要的是——它们的睡眠质量很好。

想象这样一幅画面：一只懒熊，视力和听力都很差，像一根木头一样在突出的岩石下熟睡。现在，你出现在森林中，吹着口哨悠闲地散着步。在这种情况下，你突然发现前面有一只熟睡的熊，或者这只熊突然发现了你。它从睡梦中惊醒，摇摇晃晃地站了起来，很可能是用两条腿站立。（记住，如果你在野外遇到体形较大的动物，这种动物如果可以用两条后腿站立的话，那么它就会尽量做出站立的姿势，或者直接扑向你，因为这样它就可以够得着你的重要器官。它会将你扑倒在地，然后再和你搏斗。而且，一般来说，动物按顺时针方向进攻。）

当然，吹着口哨独自走进森林的并不是你，是附近村子里的女人。不过，她们不会无所事事地吹着口哨。她们走进丛林是为了砍柴，或是割草做饲料。有时候，这些女人太专注于自己的工作，根本没注意到熟睡的熊，不知不觉就走到了熊的身边。这时，熊从睡梦中惊醒，用两条后腿站起来，试图用自己的前腿把惊醒它的女人推倒。这样的姿势看起来就像一个大大的拥抱。在这个拥抱的动作中，它会用长长的指甲抓女人的脸和胸膛，造成非常严重的创伤。

如果你远远地看到这一幕，可能会以为这只熊正在拥抱这个女人。因为它身上的毛很浓密，你根本看不到肌肉的收缩，也看不到它小眼睛里凶猛的眼神。这种攻击被误认为是矮胖的笨熊做出的一种笨拙的浪漫姿态。这就是猎人、部落居民和村民们觉得懒熊“浪漫”的原因。

懒熊是最不可捉摸的一种野生动物，会无缘无故地发起攻击。那些在熊的袭击中幸存下来的人，他们的头和脸常常受到严重伤害，容貌尽毁。现在不觉得浪漫了吧？不仅仅是猎人、部落居民和村民们认为熊很“浪漫”，我们不也经常会说“熊抱”这个词吗？不过，应该没有人想得到一个真正的“熊抱”吧！

关于懒熊的故事

在过去还可以猎杀懒熊的时代，流传着这样一个关于懒熊的故事。懒熊从来不会抛下受伤的伙伴，总会竭尽全力将受伤的同伴带到安全的地方。所以这个动物不仅浪漫，还很忠诚、英勇。现在我们也来分析一下这个故事的真实性。

两只懒熊在丛林游荡，由于懒熊的听力和视力不是很好，所以当其中一只受伤时，另一只并不能很快了解发生了什么。它认为自己的同伴在恶作剧。要激怒傲慢的懒熊不需要做太多，这样就已经足够了。所以未受伤的熊会非常生气，它会用最大的声音尖叫，猛烈地攻击自己的同伴。

站在远处的猎人看到了它的凶猛，听到了它的咆哮，却产生了不同的理解。在猎人看来，这只未受伤懒熊很痛苦，正试图帮助它的同伴。再一次，懒熊蓬松的长毛和胖胖的身体掩盖了事实真相，误导了旁观者。

虽然懒熊的听力和视力不是很好，但是它的嗅觉却很灵敏。不同种类的熊，各种感官的敏锐程度也有所不同。喜马拉雅黑熊的听力和视力比棕熊好，而棕熊的嗅觉比懒熊更灵敏，能闻到随风飘过来的1500米以外的人的气味！尽管熊的听力和视力不好，但是长久以来，人们都有训练熊的传统。它们可是马戏团和街头表演的明星！

懒熊知识大闯关

尽管懒熊既不浪漫也不英勇，但它是一种非常有趣的动物。懒熊全身覆盖着长长的黑毛，胸前有一块“V”字形斑纹，走路时大大的脚掌踏在地面上，步伐缓慢。

让我们再更多地了解一下不那么浪漫的懒熊。

1. 懒熊最喜欢的食物是什么?

(a) 野生无花果

(b) 蜂蜜

(c) 白蚁

2. 懒熊用什么来清空白蚁蚁穴?

(a) 鼻子

(b) 眼睛

(c) 手

3. 谁会吃"熊熊面包"?

(a) 幼熊

(b) 人

(c) 以上两者

4. 懒熊最擅长什么？

(a) 爬树

(b) 游泳

(c) 两者皆是

5. 谁能够猎杀熊类?

(a) 老虎

(b) 人类

(c) 以上两者

6. 肯尼斯·安德森的妻子养的宠物熊布鲁诺吞了很多东西，其中包括:

(a) 塑料杯

(b) 机油

(c) 书

参考答案

第 1 题答案：蜂蜜！懒熊主要以水果和昆虫为食。懒熊在夜间才会出来，独自游荡、四处觅食。夏天的时候，它们会大量吞吃木苹果、枣或印度李子、菠萝蜜、芒果、野生无花果和榕树的果实等，来填饱肚子。它们会爬到树上摘水果，或站在地面把水果摇下来。像其他一些动物一样，懒熊也很喜欢吃长叶马府油树的花瓣。长叶马府油树是一种用途广泛的热带树木。它的树叶是一种生产柞蚕丝的柞蚕的食物。从这种树上提取的树液可以制成护肤品。树上的花被部落居民用来制药，甚至被用来发酵制作当地一种叫作“Mahuwa”的酒。

雨季到来的时候，懒熊会在岩石下、树缝里、倒下的木头和树皮下寻找昆虫，享受昆虫的盛宴。不过，懒熊的主要昆虫食物是白蚁。如果你看到被摧毁的白蚁蚁穴，那么就可以推断懒熊很可能在附近出没。在人类居住地附近生活的懒熊可能会趁人不备弄些玉米、甘蔗吃，或者弄些椰子汁喝。但是蜂蜜仍然是它们的最爱。懒熊会把蜂巢击落来获得里面的蜂蜜。可怜的蜜蜂虽然愤怒，但懒熊有蓬松的皮毛，蜜蜂拿它们一点儿办法都没有。

第 2 题答案：鼻子。熊和狗有共同的祖先，所以它们的嗅觉都很发达！一旦懒熊发现了白蚁蚁穴，就会用长长的镰刀状爪子破坏蚁穴。当蚁穴底部的蚁巢露出来的时候，懒熊会大力吹气，将尘土吹走。懒熊的吻鼻和下唇十分特殊，就像吸尘器的吸嘴一样，完全是白蚁的终结者！懒熊会很大力地将这些昆虫吸入，同时发出很响的声音。即使你在丛林中很远的地方，也能听到懒熊吸食白蚁时发出的声音。

第3题答案：以上两者。因为懒熊非常喜欢吃蜂蜜，所以它们也会喂食幼崽蜂蜜。熊妈妈会先把蜂巢吞下，然后她还会吃一些水果，如菠萝蜜和木苹果。当熊妈妈要喂幼崽的时候，它们就会吐出一种黏糊糊的混合物，这种混合物是半消化的蜂巢和水果，当这种混合物凝结变硬的时候，会变成一团深黄色面包状的东西，这就是所谓的“熊熊面包”。不仅懒熊幼崽，甚至有些人也觉得这种“熊熊面包”十分美味！

第4题答案：两者皆是。是的，是的，懒熊又胖又笨，但它们真的是爬树高手！它们不仅能爬树，（你还想爬到树上躲避懒熊吗？）还能像树懒一样倒挂在上面！懒熊也很喜欢水。它们跳进水里主要是为了玩耍。懒熊需要持续的水供应。夏天的时候它们会长途跋涉寻找水源。如果它们找到一个干涸的河床，就会用爪子往下挖，直至有水出现。

第 5 题答案：以上两者。懒熊的力气非常大，食肉动物很难将它猎杀，所以食肉动物通常不会去惹这些坏脾气的家伙。不过，一群野狗或狼群可能会向懒熊发动攻击。一般来说，黑豹和懒熊在森林里会相互回避。但是，老虎有时会捕杀懒熊。对老虎来说，最简单的方法就是在白蚁蚁穴附近等着，等懒熊出现时就猛扑上去。如果懒熊发现了老虎，也会猛冲过去，并大声嘶叫。老虎通常会避免正面对抗，避免懒熊凶猛的爪子伤到自己，这时老虎会选择撤退。

懒熊的主要猎杀者就是人类。人类猎杀懒熊是为了制药，因为他们相信懒熊的某些部位可以治疗人类疾病。哎……说来话长！大量的懒熊被非法猎杀，它们的胆汁出口到日本和其他国家，它们的爪子、牙齿和其他身体部位被砍掉，用来制作药物和美食。

第 6 题答案：机油！肯尼斯•安德森的妻子养了一只失去双亲的小熊当宠物。这是一只有感情的小熊，会很多把戏，如像举枪一样举着竹竿，像抱着小宝宝一样抱着一块木头。在印度的英国军官经常饲养懒熊当作宠物，因为它们很容易驯养。早在莫卧儿王朝之前，懒熊就被训练成为节目表演者。卡兰达尔人捕捉并训练熊跳舞，并在莫卧儿王宫进行表演。就算在几十年前，如果你在印度街头看到一头“跳舞熊”和它的卡兰达尔训练者，也不是什么非比寻常的事情。好消息是，熊跳舞已成过去式了。

懒熊也许并不浪漫，但它们擅长游泳、爬树，并且在发脾气的时候非常凶猛。如果你真的想要和熊熊拥抱，还是抱你的泰迪熊吧。还有如果你在森林中遇到一只懒熊，能做什么呢？赶紧跑！

可爱的熊

●泰迪熊玩具是以美国总统西奥多·罗斯福的名字命名的。罗斯福也被称为“泰迪”。在密西西比州的一次狩猎之旅中，人们把一只熊牢牢绑在一棵树上，让罗斯福总统射杀。他拒绝这样做，还说这不符合体育精神，并下令释放这头熊，将它从痛苦中解救出来。玩具制造商受报纸上的漫画启发，开发了一种名为“泰迪熊”的毛绒玩具，一推出就大受欢迎，一炮而红！

●非洲的动物种类繁多，却没有熊。

●传说南迪熊是一种体形庞大，长得很像鬣狗的一种动物。据说它们生活在非洲，就像传说中的喜马拉雅雪人应该生活在喜马拉雅山一样。

●灰熊有着非凡的记忆力。

●北极熊是社交性动物，经常可以看到它们与雪橇犬一起玩耍。

为什么灵猫身上会有一小袋臭臭的液体

如果你的屁股上有个袋子会怎么样？这个袋子开着口、装满了难闻的液体。每次班长来收作业的时候，或者老师批评你的时候，或者在校园里横行霸道的人抢了你的午餐（噢，什么？你说你就是那个在学校横行霸道的人？），或者你妈妈把你时髦的发型揉得一团糟时，你只要打开那个袋子，向欺负你的人身上喷一点儿臭气熏天的液体！怎么，你不喜欢？好吧，好吧，或许你不想把那个袋子挂在你的屁股上，放在其他地方总可以了吧。

灵猫就有这样一种很酷而且很隐秘的身体构造。如果你发现了它的袋子，一定要帮它保密，否则就闻不到它难闻的气味了！

灵猫是什么？

灵猫是一种小型哺乳动物，与猫相似，但又不同。灵猫主要生活在亚洲和非洲的热带地区。大多数被发现的灵猫都生活在东南亚。灵猫身体瘦长，四肢短粗，头部狭长，吻鼻向前突出。它们最喜欢的栖息地是热带雨林，但在林地、草原和山区（海拔高达 2000 米的地方）也有灵猫生存。

熊狸、果子狸、林狸以及其他大约十几种哺乳动物属于灵猫科。灵猫科动物和猫科动物亲缘关系密切。

灵猫科动物的谱系图可以追溯到 5000 万年前。那时的它们生活在旧大陆的热带雨林地区。科学家们在印度南部发现了真正的灵猫化石，其历史可以追溯到史前时代。

灵猫科动物主要在夜间活动。和完全依靠捕猎获取食物的食肉性猫科动物不同，灵猫是杂食动物，既捕杀猎物，也以植物为食。从水果、浆果、树根到蛇、昆虫、小鸟、蜥蜴、和老鼠等，它们几乎无所不食。

灵猫的一种感觉器官是可以移动的，你知道是什么吗？

(a) 耳朵

(b) 鼻子

(c) 胡须

(d) 脚趾

揭晓答案：胡须！灵猫的胡须可以前后移动。（灵猫的脚趾也可以移动，走路时会用到它们，对不对？）被圈养的果子狸在吃东西之前总会用胡须感触一下食物。果子狸具有敏锐的嗅觉和听觉，视力也很好，这些都可以帮助它们更好地捕杀猎物或寻找植物食物。

你是“夜猫子”吗？

根据动物外出活动的时间，可以将它们分为两类——夜行性动物和昼行性动物。这就是为什么生活在同一地区的两种动物有时从未打过照面！想象一下，假如你有个夜猫子哥哥会怎样。当你醒来的时候，他在睡觉，而当你上床睡觉的时候，他才刚醒来。

昼行性动物和夜行性动物有各自的食物链，在每条食物链中，捕食者和猎物各不相同。但是，也有些动物白天和夜晚都会出来觅食，或者更准确点儿说，是在黎明和黄昏的时候出来觅食。有些夜行性动物甚至会在阴天的时候出来觅食。但在很大程度上，昼行性动物和夜行性动物是不同的，它们分别维持着不同的食物链。当你向较冷的温带地区移动时，夜行性动物的数量会减少，等你到达两极地区，那里根本没有夜行性动物。

大多数灵猫科动物都是夜行性动物。它们的爪子和无毛的脚掌让它们可以过一种半树栖的生活，这有助于它们在树上和地面获取食物。

白天，椰子猫（或者叫果子狸）会蜷缩在芒果树或椰子树的树洞中呼呼大睡。在果实成熟季节，它们会在咖啡或菠萝种植园附近徘徊游荡。人们从棕榈树上收集棕榈汁的时候，果子狸会在夜间爬上树，偷偷喝罐子里收集的甜甜的棕榈汁。喝完棕榈汁后，它甚至就会在这棵树上找个地方蜷缩起来睡觉，度过白天。果子狸很容易驯养，很友好，甚至有些顽皮。

古时候，希腊人会把香猫当作家猫饲养。香猫是在南欧和非洲发现的一种灵猫。

熊狸长着一张熊脸，它们会在黄昏时候醒来，外出觅食。它们毛茸茸的尾巴很强壮，尾巴底部肌肉发达，可以紧紧缠绕物体。白天，它们把头埋在毛茸茸的大尾巴下，睡得十分香甜。到了晚上，它们会利用尾巴缠绕树枝，从树上爬下来。

猫屎咖啡

是的，没错，有一种咖啡叫作猫屎咖啡！浆果是灵猫最喜欢的一种食物，特别是咖啡果。咖啡果成熟的时候，灵猫就会来到咖啡种植园大吃特吃。

等果期结束，灵猫就会离开。人们会将它们的粪便收集起来。咖啡果的果肉在灵猫体内被消化，但是经过胃蛋白酶处理的咖啡豆会随粪便排出。这些咖啡豆被收集起来，清洗干净，用来制作一种特殊的咖啡——猫屎咖啡。虽然多个国家如菲律宾、印度尼西亚、越南和印度等，都可以收获猫屎咖啡，但这种咖啡豆的产量每年只有 450 千克左右，因此十分昂贵，每杯售价大约 100 美元！

香味和臭味

现在，你还觉得有臭味不酷吗？嗯，再好好想想吧。几乎所有的灵猫科动物都有肛门臭腺。肛门臭腺有什么作用？它们可以通过气味沟通交流，用气味驱赶敌人。

沟通交流

小灵猫很容易驯养。它们的幼仔会发出响亮的、尖尖的、像猫一样的叫声。成年小灵猫在高兴的时候会发出“嘀嗒嘀嗒”这样短促的声音。除了熊狸会大声咆哮和嗥叫外，大多数灵猫科动物都不会发出叫声，也不怎么用声音交流。

灵猫通常会留下气味腺的气味，用来标记自己的领地，也会通过气味交流。

无论是雄性灵猫还是雌性灵猫，这些腺体都位于它们的尾巴下面。不同种类的灵猫科动物，腺体的形状和结构也不同。在一些种类的灵猫科动物身上，你很容易就可以看到灵猫身上的袋子。那是一个相当大的袋子，边缘很厚且多毛，可以张开和闭合。而其他灵猫科动物的这个袋子，仅由两片皮瓣叠合而成，臭腺通过这里排泄分泌物。

防卫功能

灵猫既是捕食者，亦是猎物。它们猎杀较小的动物，也会被大型动物捕杀。它们的牙齿和爪子可以帮助它们捕食猎物。但同时，它们的牙齿和爪子也比其他掠食者小得多。它们该怎么办呢？散发臭味！

当灵猫被逼到绝路时，它们往往会从肛门腺喷出一种散发着恶臭的黄色液体，使捕食者眩晕。这些液体气味浓烈，恶臭难忍，以至于进攻者会暂时失明，或感到恶心，被臭气熏得晕头转向。灵猫利用这一时机赶快逃走。

所以如果你拥有这种防御机制，你是会遮遮掩掩藏起来还是向别人炫耀一番呢？我猜一定是后者，因为灵猫就是这么做的。

蒙面大侠

不像那些想通过保护色将自己隐藏起来的动物，这些拥有恶臭气味武器的家伙会通过身上的颜色高调地宣扬自己的存在。

据说，一旦捕食者攻击过这样的猎物，并吃过它们致命恶臭的苦头，就会牢牢记住它们醒目的颜色和斑纹，看到它的同伴就会记起这次遭遇。以后，捕食者绝对会避免捕捉这种动物作食物了。椿象和斑蝥选择鲜艳的红褐色、黄色和黑色作为体色也是同样的策略。

长有臭腺的哺乳动物，如臭猫、臭鼬和灵猫，并没有椿象和斑蝥那样颜色鲜艳的外衣。它们的身体要比那些小虫子大得多，不想自己看起来那么花哨张扬，因此它们的身上没有抢眼的颜色。虽然这些动物不喜欢华丽的颜色，但也会展示自己的特点来警告敌人。它们的脸通常为两种颜色，黑色和白色或黑色和浅色，好像蒙着面似的。这真的酷多了——就像蒙面大盗或蝙蝠侠！

当这些哺乳动物处于危险之中时，它们会让自己黑色的毛竖立起来。这些黑色的毛和下面浅色的皮毛形成鲜明对比，使这些动物看起来更无畏、更傲慢，甚至还有点儿吓人。捕食者会记住它们的样子，并会在以后猎食时尽量避开这些带有恶臭的动物。

灵猫香

大家都知道，灵猫粪便处理后得到的咖啡豆可以制成猫屎咖啡。人们可以喝这样的咖啡，那么使用灵猫肛门腺的分泌物肯定也不会有任何问题！“civet（灵猫香）”这个词源于阿拉伯语“zabat”，是指采自这些腺体的气味。人类很早以前就开始收集这种麝香分泌物了，其中最著名的品种来自非洲灵猫。麝香是一种用来调制香水的芳香物质。它是从一些动物的腺体中提取获得的，如麝香鹿、非洲灵猫、麝香龟，甚至麝香甲虫，但是如今，由于这些动物数量减少，以及获取它们腺体分泌物的方法过于古怪，一些公司开始制造合成麝香。

从灵猫身上提取的麝香也叫作灵猫香。

灵猫香是世界上最昂贵的精油之一，用于制造香水，也用来给烟草调味。

从灵猫肛门腺中获取灵猫香有两种方法。

1. 把灵猫动物杀死，把装有分泌物的小袋摘下来。

2. 从活着的灵猫动物身上的小袋中把分泌物掏出来。

虽然拿着从刚被杀的灵猫身上摘下来的分泌物小袋，可以换取一笔相当可观的金钱，但人们通常的做法是，从活着的灵猫身上刮取分泌物。

灵猫还有一个了不起的本领，那就是它们有非常棒的捕鼠能力。当它们生活在人类居住区附近时，它们会吃掉一大群老鼠，为人类做了一件大好事。黑死病，人类历史上最可怕的瘟疫之一，就是由老鼠引起的，导致了大约 2 亿人死亡！据说，引起这种瘟疫的黑老鼠溜入地中海的商船，并随之到达欧洲，然后通过寄生在黑老鼠身上的跳蚤而广泛传播。

但是，灵猫的数量正日益减少，而老鼠的数量却越来越多。我们正在摧毁灵猫的家园，许多种类的灵猫，如獭狸猫变得非常稀少，甚至濒临灭绝。如果灵猫灭绝了，那将是我们的巨大损失。毕竟，我们到哪儿才能找到一个集香水制造者、咖啡处理器、宠物和捕鼠专家于一体的可爱家伙呢？反正在附近的超市里肯定找不到。

动物超厉害的自我防卫

●遇到敌人时，投弹手甲虫的腹部会向捕食者喷射高达100℃的有毒喷雾！

●许多不同种类的刺毛虫沿着背部生有针状的螯刺！面对这样一条虫子该如何下口呢？

●得克萨斯角蜥会出其不意地用眼睛向捕食者喷射血液！

●八目鳗类鱼有黏液腺，能在水中分泌黏液，用来堵塞捕食者的鳃！

●当捕食者接近白尾鹿幼鹿时，幼鹿会用装死的办法保护自己——不仅仅是一动不动地躺在地上，还会将心率从每分钟 155 次降低到每分钟 38 次！

蝎子会群居生活吗

在拉贾斯坦邦乌代布尔地区的帕纳瓦丛林里，有一个小山丘，成千上万的蝎子群居在那里。这个小山丘大约 100 米高，距离乌代布尔约 240 千米。“那又怎样？”你会问。这个小山丘很不寻常，因为人们相信蝎子通常是独居而不是群居的。“为什么不群居？”你又会问。蝎子为什么不群居呢？如果它们不群居，那它们为什么会聚集在这个小山丘呢？

塞尔凯特

塞尔凯特是埃及女神，头上顶着一只蝎子，可以治愈毒刺带来的伤害，是死者的保护神。她是一位非常重要的女神，因为一些世界上最危险的蝎子就生活在北非，它们的毒刺可以杀死人。事实上，埃及早期有两位国王被称为“蝎子王”。历史学家们也想知道他们为什么会有这样的称呼，但这或许只是国王为了表现出强硬的形象。

如果一只蝎子就可以致命，以至于埃及人需要这样一位保护神，那么整整一群蝎子在一起会怎么样呢？

让我们来看一看蝎子是什么？为什么人们既怕它又崇敬它？

我的天哪！

可怕的蝎子

“scorpion（蝎子）”一词源于希腊语“skorpios”。但蝎子不仅存在于希腊，除了南极洲，它们遍布世界各地。

一只小昆虫有什么可怕的？蝎子不是昆虫，而是一种蛛形纲动物。两者又有什么不同呢？

节肢动物（指腿有分节的动物）是无脊椎动物，下面列举的都属于节肢动物。

- 昆虫（如蚊子、黄蜂、臭虫等）
- 甲壳纲动物（如螃蟹、龙虾等）
- 蛛形纲动物（如蜘蛛、蝎子等）

所以蜘蛛不是昆虫，蝎子也不是。昆虫有六条腿，而蛛形纲动物有八条腿。你知道蝎子有多少只眼睛吗？最多可达 12 只！两只在头部中央，另外两到五对位于头部侧面。尽管蝎子有这么多眼睛，它们的视力还是很差，主要依靠高度敏感的感觉毛来感知，甚至是品尝食物。

蝎子的身体分为三部分：头部、腹部和尾部。蝎子的尾巴分为六节，向上弯曲，悬于头部之上。尾巴第六节有毒刺！毒刺既用于捕杀猎物，也用来对付捕食者，还有所有嘲笑蝎子的人。

就像螃蟹一样，它们的嘴巴上生有爪子或者钳子。毕竟和昆虫相比，它们和鲎（亦称马蹄蟹）的亲缘关系更密切。

蝎子小百科

蝎子会像蛇一样“蜕皮”。蛇会周期性蜕去自己的外壳。蝎子也会蜕去自己的外壳（或者叫外骨骼）。年轻的蝎子一年可能要蜕去外壳五到七次。当这些坚硬的家伙失去自己的外骨骼时，身体便不再坚硬，这时它们会躲起来，以避开那些进攻者，直到它们的盔甲重新长出来。动物蜕皮的原因有很多：为了生长或脱去冬衣，为了变成繁殖的颜色，为了去除受损的羽毛等。蝎子长大后，旧的外壳对它来说已经太小了，这时它就会蜕去整个外骨骼，就像蛇会蜕去整个外皮一样。

蝎子被认为是最早从水中迁移到陆地上的动物。数百万年前，蝎子生活在热带的浅海中，它们没有肺，只有鳃。但很快，这些动物就觉得海水不够凉，于是它们来到了陆地。另外，正如蝎子化石所显示的那样，在这数百万年间，它们并没有发生太大的变化。

蝎子是地球上的幸存者，因为它们异常坚韧！它们的生存技能使它们在地球上最恶劣的环境中生存了下去。有些蝎子物种，在找不到食物的情况下，可以一年只吃一顿饭！为了做到这样，它们会降低自己的代谢率。科学家们甚至曾经将蝎子放进冰箱一整夜，第二天，把蝎子从冰箱中拿出来，刚刚解冻，它们就开始四处走动了！

蝎子在紫外线照射下会发光！科学家们发现蝎子有这个本领后，就拿出他们的紫外灯，在夜间走到户外对这些生物进行调查研究。因为蝎子是夜行动物，在晚上很活跃，它们发光后就变得更容易被发现。在那之后，科学家们发现了许多蝎子的新物种。

在所有蝎子中，远东蝎类最危险，以色列金蝎（以色列杀人蝎）就是其中之一。在全世界发现的 1700 多种蝎子中，只有 25 种是致命的，但它们的毒液也不足以杀死一个人。所以对蝎子来说，致命毒蝎的名声实在有些夸张了。

如果你用一盏普通的灯或手电筒（不是紫外线灯）照射蝎子，它会到处爬，并试图避开光照。蝎子畏光，也就是说它们不喜欢光。它们不想被饥饿的老鼠、蜥蜴或以它们为食的鸟类看到。这就是为什么你会发现蝎子大部分时间都躲在鞋子里、床罩下、石头缝里、枯木下面、干粪球下、裂缝里和其他黑暗的地方，还有它们的洞穴。所以，如果你在野外露营，穿鞋之前一定要把鞋倒一倒、敲一敲，还有你的床单、毯子、垫子也一样要掸一掸。

在中国，东亚钳蝎有较大的药用价值。

所有蝎子都是食肉动物。它们通常猎杀小型节肢动物为食。较大的蝎子也会猎杀蜥蜴和老鼠。

一旦有昆虫碰到蝎子的爪子或钳子上高度敏感的感觉毛，它们就会被蝎子抓住，接下来，蝎子挥动尾节，将毒刺刺进猎物。有些蝎子的毒液更致命，有些蝎子的爪子更强壮。根据不同的特点，它们要么将猎物碾碎杀死，要么用毒液使其麻痹。

蝎子有外部消化系统。一旦猎物死掉或被麻痹，从蝎子嘴里就会伸出一些爪子状的小器官，在美味的昆虫、蜥蜴或其他要享用的食物上抓下一点点，并将这些小碎肉送到口腔前腔——口腔前腔位于这些爪状器官或螯肢的下方。因为蝎子只能喝液体，而现在蜥蜴、老鼠和昆虫都不是液态的，所以蝎子有一个聪明的方法来吸收食物。它们把消化液从内脏排到口腔前腔下面的这个腔里，在那里将食物消化，然后把消化成液体的食物吃掉。那些不能被消化的固体部分，如皮毛等，暂时放置在这个腔里，稍后再吐出去。

许多蝎子都会同类相食。如果雄蝎在交配之后，没有赶快离开，而是在雌蝎身边徘徊，还想要说声“再见”，雌蝎就会用毒刺攻击雄蝎，杀死它，甚至还会把它吃掉。（聪明的雄蝎会在接近雌蝎时先抓住它的爪子。）恶毒的雌蝎不仅会吃掉自己的配偶，还会吃掉自己的孩子！幼蝎一旦孵化成功，就会爬

到母蝎背上，避免被母蝎吃掉。幼蝎会一直待在母蝎背上，直到自己可以捕食，并长出坚硬的外骨骼。（刚出生的幼蝎非常柔软。）

当幼蝎从母蝎背上爬下来的时候，母蝎就会捕捉并吃掉其中的一两只。幼蝎通常会躲避年长的大蝎子，尽量不与它们相遇。但是幼蝎也并不是那么无辜，在极少数情况下，幼蝎也会吃掉自己的妈妈！为什么会这样？为了在恶劣的环境中生存，蝎子们形成了同类相食的习惯，就连自己的配偶和孩子也不放过。如果你饿得要死，你会怎么做？好吧，你是不会吃你妈妈的。但是请记住一点，蝎子是最早从水中迁移到陆地上的动物，也是生存时间最长的陆地动物，你觉得它们是怎么做到的？

蝎子山是什么样的?

1979 年的一天，自然学家拉扎·特森在丛林漫步的时候惊奇地发现了这一幕——同类相食的蝎子居然可以成千上万地群居在一个小山丘上！你能想象到他有多么惊讶吧。这些蝎子的洞穴呈裂缝状，大小仅可容纳一只蝎子。成千上万的裂缝状洞穴连成了一条条线条，遍布了整个小山丘。

为什么会有这样的奇观？

也许这些特殊的蝎子在进化过程中学会了和谐相处，或者这些蝎子有一个威信很高的首领，无论是谁吃掉同类都会受到惩罚，又或者它们向塞尔凯特女神发过誓，绝对不会吃掉自己的同伴。

关于这些凶残的掠食性动物能够群居的理由，最合理的解释就是生物适应性。这些蝎子适应了有限区域内的食物供应，或者适应了在很有限的栖息地生活。但凡规则总有例外，少数蝎子物种甚至可以共享洞穴和食物。主要生活在非洲热带雨林的帝王蝎，也会表现出一定程度的群居行为。

所以大自然根本无“规则”可言。掠食者也可能成为猎物，同类相食者也可以聚居在一起。太不可思议了！

进攻的武器——刺

●工蜂的刺针末端有倒钩，进攻之后，刺针会留在受害者体内，而工蜂也会在几分钟内死掉。哎！到底谁才是真正的受害者呢?

●赤魟尾巴上有一个锯齿状的倒钩硬棘，在进攻时，它会把尾刺刺入敌人体内。

●鸭嘴兽性情温顺，雄性鸭嘴兽后腿上有毒刺。

●沙漠蛛蜂是黄蜂的一种，在整个昆虫世界，它的刺威力强大，能让受害者感受到最疼的刺痛感。你可以想象那些想要猎杀蛛蜂作食物的动物会得到什么。

●石头鱼是世界上最毒的鱼之一，它的刺对人类而言是致命的。

谁的巢穴最特别

如果你的家是由香蕉叶、父母的唾液或者便便做成的，你会怎么想？好了，不用担心这样的事情发生在你身上，因为我们今天要讨论的不是人类的可爱房子，而是各种奇怪动物的怪异巢穴，包括鸟类。没错，除了鸟类，其他动物也会筑巢。它们会用各种奇奇怪怪的东西——不仅仅是树枝和叶子，古里古怪的方法建造出各种怪异的巢穴。我们现在就来看看这些奇怪的动物和它们疯狂的巢穴吧。

喧闹的犀鸟

犀鸟的嘴很长，向下弯曲，就像一个很大的角。有些犀鸟的喙颜色鲜艳，上面生有盔突。盔突是一种外形很像头盔的解剖结构。

这种鸟的名字源自希腊语“buceros”，意思是“牛角”。犀鸟有55种——有的小如鸽子，有的大如火鸡！

犀鸟不可思议的鸟喙有很多用途——喂食、筑巢，甚至与蛇搏斗！巨大的双角犀鸟，翼展可达1.5米，能像吃面条一样把蛇吞下去。提醒你一下，它们非常不喜欢人类以研究的名义窥探它们和它们的巢穴。如果你毫无遮掩地观察它们，它们就会飞过来，往你的头上丢树枝！

对于不同种类的犀鸟，鸟喙上的盔突也有不同的用途。对冠斑犀鸟来说，盔突就是长在嘴上的号角。盔突中央中空，内有很多小孔，用来产生共鸣，使发出的声音更嘹亮。

而对盔犀鸟来说，盔突并非中空，而是充满了象牙质。盔犀鸟可以把它当作攻击锤，这可比号角酷多了。

红脸地犀鸟看起来很像火鸡，是犀鸟家族中肉食性最强的成员，几乎是纯粹的食肉动物。它的嘴十分强壮，甚至可以突破乌龟的龟壳！一小群红脸地犀鸟会在草地和灌木丛中一字排开移动，搜寻这个区域的昆虫、蝎子及其他美味佳肴。

犀鸟会发出各种各样的叫声。冠斑犀鸟会发出咆哮和吠叫。盔犀鸟会发出像猫头鹰一样的叫声或大笑的声音。德氏弯嘴犀鸟会发出“咯咯”的叫声。而最大的犀鸟——红脸地犀鸟叫声响亮，它们的叫声能传到三四千米之外。

虽然犀鸟的嘴很大，但舌头却很小，长度不够，无法伸到嘴的尖端。因此，它们的食物，水果和昆虫等，有时会被卡在嘴里。所以犀鸟进食时会像我们吃爆米花一样，将食物扔进嘴里。

犀鸟是在旧大陆出现的鸟类。（还记得我们曾经讲过旧

大陆和新大陆吧？）它们本身也是很古老的生物，大概出现在一千五百万年前。所以自然而然的，世界上有很多关于犀鸟的神话传说。

婆罗洲的山地部落相信马来犀鸟能把灵魂送到来世。婆罗洲西部每隔几年就会举行一次敬拜犀鸟的庆典。马来犀鸟和婆罗洲的战神有关。

尽管如此，犀鸟依然难逃人类的猎杀。由于人类入侵、摧毁犀鸟的森林家园，致使很多种类的犀鸟濒临灭绝。

竭力筑就爱巢

犀鸟一生只有一个伴侣。筑巢对它们来说并非易事，让我们看看它们是怎么做的。

犀鸟筑巢分步指南

第 1 步：首先找到一个合适的岩洞或树洞。如果找不到空的岩洞或树洞，犀鸟就会和占据洞穴的蛇或巨蜥大战一场，把蛇或巨蜥赶走。

第 2 步：雌性犀鸟会把自己封在洞里。（除红脸地犀鸟和蓝脸地犀鸟外，所有雌犀鸟都会把自己封在巢穴内。如果你是这两种犀鸟中的一种，那么就不用浪费时间阅读这个指南了。）现在用粪便、泥土、咀嚼过的木头、唾液和其他一些手头上的东西来筑一堵墙(雄性犀鸟在外面,雌性犀鸟在里面,通力合作)。但不要忘了留一个小口。雄性犀鸟将留在外面，通过这个小口将食物传递给雌性犀鸟。

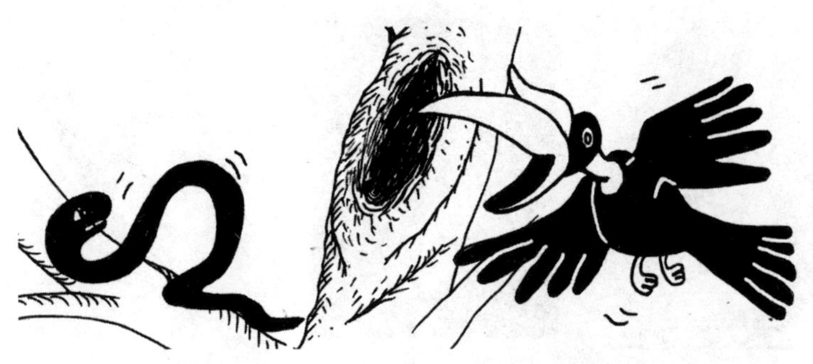

第 3 步：雌性犀鸟一旦进入巢穴，就会脱换羽毛。快要出巢的时候，再重新长出羽毛。

第 4 步：在雌性犀鸟被封进巢穴产卵之时，雄性犀鸟负责通过小口供应食物。对于一些体形较小的犀鸟物种，雌性犀鸟会产较多的卵，并且孵化时间也比较短。对于体形较大的犀鸟物种，雌性犀鸟仅产几枚卵，但需要一个半月的孵化时间。

第 5 步：等雏鸟从卵中孵化出来，一些种类的雌性犀鸟会将墙啄破，从巢穴中出来，而有一些种类的雌性犀鸟则会继续封在巢穴中。如果雌性犀鸟从巢穴中出来，就会和雄性犀鸟一起喂养雏鸟。如果不是这样，这项工作要由雄性犀鸟独自承担。蜥蜴、昆虫、浆果等是犀鸟喜欢的食物。有些体形较大的犀鸟会先将水果吞下去，然后再反刍给雏鸟，一次一个。

第6步：千万不要弄脏鸟巢！雌性犀鸟会将排泄物通过小口尽量喷射到远离巢穴的地方。雌性犀鸟也会将这样的技能教给雏鸟。在雏鸟学会之前，雌性犀鸟会把它们的粪便捡起来，通过小口扔出去。

第7步：如果雄性犀鸟发生了什么不幸，整个犀鸟家庭就会饿死。所以建议雌性犀鸟和雏鸟不要对食物过于挑剔，不要过多抱怨，给雄性犀鸟一些喘息的空间！

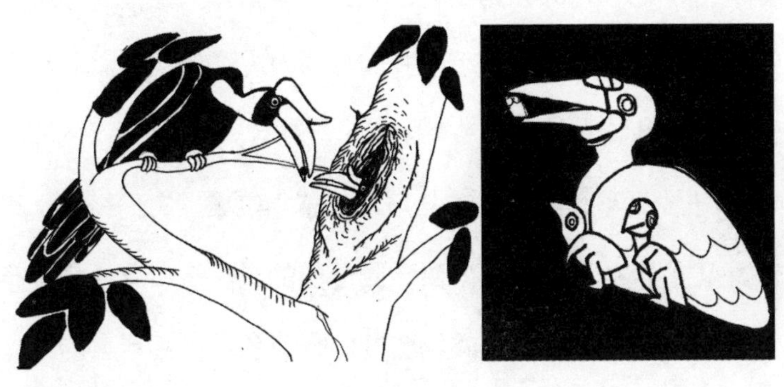

奇异的乌鳢

有一种鱼也会筑巢！

那就是乌鳢，俗称黑鱼。这种鱼身体圆长，生活在湿地、湖泊、河流等淡水水域。有时它会迁徙到满是洪水的田地，一旦田地干涸，它又会回到自己永久的家园。人类捕食乌鳢。在这种鱼出现的水域，人们会进行商业捕捞。乌鳢，会捕食小鱼、水虫、青蛙等。

雄性乌鳢和雌性乌鳢会用水生植物筑巢。它们衔取水草，在尾巴的帮助下，构筑出甜甜圈形状的巢。然后雌鱼将卵产在巢里。乌鳢爸爸和乌鳢妈妈会共同守卫鱼卵，直至它们孵化。乌鳢爸爸更为警惕。乌鳢爸爸和乌鳢妈妈不会离开这些橙红色的幼苗，直至它们变成墨绿色。你以为我们在说什么水草吗？不，不，不，我们说的是小鱼宝宝，也被称作“幼苗”。

鱼的生长会经历一些有趣的阶段

第 1 阶段：卵。

第 2 阶段：仔鱼。卵黄囊包围着仔鱼，为它们提供营养。

第 3 阶段：幼苗。卵黄囊消失，小鱼可以自己进食。

第 4 阶段：幼鱼。鳞片和鳍片发育出来，这些小家伙的大小和手指差不多。

第 5 阶段：鱼。

乌鳢十分暴躁鲁莽，但有护幼的习性。在它们保护宝宝的时候，任何出现在鱼巢周围的动物都会受到攻击。

守护宝宝

乌鳢的幼鱼像一团乌云一样在水中游动。乌鳢妈妈负责引导，乌鳢爸爸在边缘守卫，负责攻击、驱赶其他食肉性鱼类、海龟、水蛇甚至包括鸟类。乌鳢妈妈有时也会攻击入侵者。乌鳢妈妈会小心谨慎地引导幼鱼在浅水区从一个隐蔽的地方游到另一个地方，它总是把自己藏在幼鱼下面。

乌鳢要从空气中获取氧气，所以它们必须时不时浮出水面吸一口气。当幼鱼到水面吸气时，乌鳢爸爸和乌鳢妈妈还是会为它们保驾护航。据了解，曾经有乌鳢爸爸带着一群乌鳢幼鱼攻击了一只低飞的鸽子，因为它们认为这只可怜的鸟是一种威胁。乌鳢爸爸从水里弹射出来，击中了鸽子。在这个过程中，乌鳢爸爸可能会落在离水好几米远的陆地上，然后不得不挣扎着回到水中。

所以，如你所见，乌鳢真的会竭尽全力保护幼鱼，直到它们有能力照顾自己。不过即便如此，乌鳢偶尔也会吃一两只幼鱼！

了不起的缝叶莺

“啁啾——啁啾——啁啾——”如果你听到这样的叫声，那一定是缝叶莺在唱歌。虽然这些小鸟通常隐藏在灌木丛、枝叶或其他植物之中，但它们响亮的叫声还是会泄露它们的行踪。它们是食虫动物。

你可能会看到它们在森林边缘、农田和城市花园唱歌、跳跃、寻找食物。这种小鸟身体呈绿色，尾巴向上翘起，嘴巴尖尖的、前端有缺刻。这样的鸟嘴不仅仅是为了吓唬昆虫，还有一个特殊的用途，就是把自己尖尖的鸟喙当作针来缝制鸟巢！这就是缝叶莺得名的由来。

缝制鸟巢

缝叶莺通常单独出现，晚上也独自栖息。但是如果你看到它们成双成对跳来跳去或肩并肩一起栖息，那就意味着它们的交配季节到了。

筑巢

1.选择一片生长在树枝上的大叶子，上面最好有枝叶遮掩。如果你实在找不到大叶子，两片或两片以上的小叶子也可以。如果周围有人类居住就更好了，因为奇怪的灯光会让筑巢变得更容易些。

2.分别在叶子的两端钻两个小孔，将植物纤维或蛛丝从中穿过。将丝线拉出，如果有必要的话，在末端打个结。就这样继续往下缝，装饰花边，加固，作哑光处理。几个小时后，最多一天，叶囊就做好了，再在里面铺上一层柔软的东西，使之更舒适美好。

现在巢就做好了！

雌性缝叶莺一次产卵 2 ~ 3 枚，孵化时间大约 12 天。新孵化的雏鸟破壳而出后，会在这个缝制的巢中待上 14 天左右。这段时间，缝叶莺夫妇会很忙碌，忙着给饥饿的雏鸟捕捉昆虫。而饥饿的蜥蜴、猫、老鼠或红毛鸡也会趁这个时机从后面偷袭，带走一两只雏鸟。一旦这些小家伙长出羽毛，可以进行短途飞行的时候，缝叶莺夫妇就会教它们飞行和狩猎。晚上，你可能会看到雏鸟夹在缝叶莺夫妇之间睡觉呢。

缝叶莺的巢很有趣，值得一看。你很容易就能找到它们。但是小心！不要随意靠近花园中那些由生长的叶子做成的巢，因为那也有可能是会叮咬人的红色织叶蚁的巢穴！这种蚂蚁生活在树上，成千上万只聚居在一起。它们也是通过将树叶弯曲，然后编织在一起的方法筑巢的。从远处看，它们的巢看起来就和那些无害的缝叶莺筑的巢差不多！

时髦的金丝燕

金丝燕是一种轻捷的小鸟，尾巴微微分叉，翅膀的形状如回旋镖。金丝燕属于雨燕目。雨燕目鸟类都飞得很快。雨燕目英文为“Apodiformes”，它的意思是没有脚。（猜一猜这个名字源于哪种聪明的语言？没错，是希腊语。）大多数属于雨燕目的鸟类的腿很短，翅膀很长，不能轻松地栖息在树枝或地面上，只能抓住岩石的垂直面。即使它们设法坐下来，再次起飞也会变得很艰难，在垂直的悬崖上跌落还更容易一些。因此，大多数雨燕目的鸟类更喜欢在空中吃饭、交配，甚至在空中睡觉！

科学家们研究了雨燕目鸟类的飞行，发现在睡眠中飞行的它们会不时拍动翅膀，以维持飞行的高度和速度，当它们醒着的时候，它们会在空中进行一些精彩的飞行特技表演！雨燕目的鸟类在滑翔和俯冲时，几乎不拍打翅膀。通过这些研究，科学家们希望可以对人类的飞机进行改进。

回声定位

回声定位亦称生物声呐。凭借回声确定方向位置的动物先发出叫声，然后等待回声返回，用这种方法确定障碍物的位置。用这种方法，即使在伸手不见五指的漆黑环境，这些动物也可以轻松导航。它们还可以利用回声来确定猎物和食物的位置。回声定位在鸟类中并不常见。有这个本领的鸟类通常生活在热带和亚热带地区，它们大多在黑暗的洞穴里繁殖，甚至夜晚也在那里栖息。如蝙蝠一样，有些金丝燕会使用简单的回声定位，在漆黑的环境中导航并定位自己的猎物。然而不同的是，我们听不到蝙蝠发出的声音，但我们可以听到金丝燕发出的“咔嗒咔嗒”的声音。

超级唾液

金丝燕会用它们的唾液筑巢！筑好一个巢需要一个多月的时间，由一对金丝燕夫妇共同完成或仅由雄性金丝燕完成。金丝燕会吐出一长串唾液，就像一根滑溜溜、黏糊糊的面条。然后它来回摆动自己的头，将唾液轻轻点在岩石上，筑造出巢穴的底部。接着，在洞穴垂直表面上将面条状的唾液缠绕成杯状的巢穴。这个由唾液做成的巢穴洁白晶莹，黏黏的，如海绵般富有弹性。

金丝燕不能衔取树叶或其他筑巢材料来筑巢。但它们会设法把空中的羽毛、干树枝或草混入唾液筑巢。有些种类的金丝燕，如筑造可食燕窝的金丝燕，会完全用唾液筑巢。这样完全用唾液筑的鸟巢就像一团缠绕得错综复杂的粉丝。

一般来说，金丝燕的繁殖是在雨季进行的，因为雨季有很多昆虫可以用来喂养雏鸟。许多种类的金丝燕会在高大黑暗的洞穴中筑巢，群居在一起。一旦金丝燕宝宝从蛋中破壳而出，金丝燕爸爸妈妈都会照顾雏鸟。

在这些黑暗的洞穴中，可能共同生活着蝙蝠和金丝燕，它们有自己的生态系统。有些动物以海鸟粪或蝙蝠和金丝燕的粪便为食。（嗯……海鸟粪，挺别致的粑粑名字。）还有些动物会以蝙蝠和金丝燕为食，如蛇和大型食肉蟋蟀，会以蝙蝠幼崽和金丝燕雏鸟为食。

拜访金丝燕鸟巢的可不仅仅是蛇哦，那么还有谁呢？人类！

具有食用价值的燕窝

人类吃金丝燕的鸟巢！在中国，食用燕窝已经有 400 多年的历史了。它也是一味中药材。燕窝汤是由凝固的金丝燕唾液制成的一道特别的美味佳肴。当燕窝溶解在水中时，会变得像果冻一样。在美国，像这样一碗金丝燕燕窝汤的价格在 30 ~ 100 美元之间。高品质的金丝燕燕窝甚至可以卖到黄金价格的一半！

其他一些用燕窝制作的佳肴。

● 燕窝果冻（罐装即食果冻）

● 燕窝煮米饭

● 甜点，如蛋挞

一旦金丝燕和雏鸟离巢，人们就会将鸟巢摘走。（有些讨厌的人会在雏鸟还在巢中的时候就把鸟巢摘走，这种行为真的一点都不道德。）具有食用价值的金丝燕燕窝，即那种白色金丝燕燕窝最受欢迎，需求量非常大，因为它们的燕窝绝大部分都是唾液构成的，里面没有羽毛等杂质。

据说，燕窝营养十分丰富。

- 有助消化
- 对哮喘症患者十分有益
- 增强人体对疾病的抵抗力
- 改善免疫系统
- 提高一个人的嗓门（！）

会飞的房客

在泰国南部的一个小镇上，房主们决定把房子租给那些会飞的房客！他们把房子空置起来，让金丝燕在里面筑巢。成千上万的鸟占领了建筑物。聪明的房主通过收获燕窝赚钱，比租给人类赚取的房租还要多。

古怪的眼镜王蛇

眼镜王蛇可能是世界上唯一会筑巢的蛇！作为世界上最长的毒蛇，你一定期待它可以带来一些独特的东西。它身长可达5.7米，在正面对抗时，三分之一的身体竖起。想象一个巨人站在你面前，随时可能发动攻击有多可怕。在防卫的时候，眼镜王蛇的颈部会向外张开。

眼镜蛇，包括眼镜王蛇，不会主动攻击人类，除非被逼到绝境。即便身处绝地，它们也可能只是“干巴巴”咬你一口，意思就是它们不会在你身上浪费毒液。毕竟，你也做不了它们的食物，对不对？如果有人被蛇咬了，他所注射的抗蛇毒血清也是由眼镜蛇的毒液制成的。

眼镜王蛇主要以其他蛇为食，包括食鼠蛇、金环蛇，甚至其他眼镜蛇。它们最热爱的家园就是雨林，也会进入农田寻找食鼠蛇。它们并不像其他眼镜蛇一样属于眼镜蛇属，而是属于眼镜王蛇属（Ophiophagus）。这个词源自——聪明的你一定猜到了——古希腊，意思是“吃蛇”。所以眼镜王蛇是吃蛇的蛇，很怪，对吧？

虽然眼镜王蛇游泳技术高超，但是它们依然无法逃脱非法野生动物买卖，以及人类砍伐森林导致它们失去家园的厄运。随着森林面积的日渐减少，眼镜王蛇也在逐渐消失。面对这样的威胁，它们所能做的也不过是发出“嘶嘶”声而已。不对，它们不会发出“嘶嘶”声，而是咆哮！眼镜王蛇低沉的嗓音通常被描述为咆哮，而不是嘶嘶声。

舒适的眼镜王蛇巢穴

是的，眼镜王蛇的巢穴非常舒适。它的巢由叶子和小树枝紧密搭建而成，即使在倾盆大雨之中，依然能完好无损。雌性眼镜王蛇会在巢中产卵 20 ~ 40 枚。枯叶做成的巢穴是蛇卵的孵化器，蛇卵可以吸收植物腐烂时释放的热量。雌性眼镜王蛇则留在巢穴顶部。对蛇类来说，这个巢穴非常独特，也很复杂。

雌性眼镜王蛇是非常有奉献精神和母爱的动物。它们会认真地守护蛇卵 2 ~ 3 个月。然而，就在卵要孵化的时候，雌性眼镜王蛇会离开巢穴。记得吗，眼镜王蛇是吃蛇的蛇。它们不愿吃掉自己的孩子，毕竟，它们曾经付出那么多时间和精力来保护自己的孩子！

刚孵出的小眼镜王蛇大约有 45 厘米长，一出生就有毒液，而且毒性和成年眼镜王蛇一样致命。随着它们生长，毒液量也逐渐变多。虽然小眼镜王蛇有毒且具有攻击性，但很多小眼镜王蛇无法平安长大，因为它们会沦为猫鼬、灵猫科动物，甚至是军蚁的猎物！

随着小眼镜王蛇长大，它们会失去身上鲜艳的颜色，变得更加灰白。

你觉得这些奇怪动物的怪异巢穴有趣吗？其实还有很多有趣的巢穴。群居的织巢鸟会筑造巨大的、蔚为壮观的群落巢，看起来就像一个大袋子挂在树上。燕子也是筑巢的专家，它们用泥巴筑巢。天堂鱼会筑造泡沫巢——一团漂浮着的沾满口水的泡泡。

等等，你还想了解一下人类的房子？人类也有一些有趣的房子——冰造的房子、粪造的房子、泥巴造的房子、干草造的房子。除此之外，还有很多用奇怪的人造材料建造的房子。或许我们下次可以找个时间来专门谈一谈，不过书名就要改改了，你说对不对？

令人惊叹的动物之家

●热带草原上的白蚁蚁丘足足有9米高！它们有自己的“空调”，里面甚至还有一个真菌花园。

●海狸是建筑专家，而且作品很多，它们会在河流上建造水坝。

●卷叶蛛把叶子卷成漏斗状放在网的中心，然后住在里面保护自己不受捕食者伤害。

●据报道，地下蚂蚁的“超级殖民地”绵延数千千米，包含数百万个蚂蚁巢。

●囊地鼠是一种穴居啮齿动物。它们会建造一个非常复杂的地下隧道网络，遍布数千米，里面储存了大量粮食。

噪鹃为什么会唱歌

你知道噪鹃的英文名字“koel”是从哪儿来的吗？哈哈，这次你猜错了，这个词不是源自古希腊语，而是源自梵语“kokila”。在马拉地语和孟加拉语中，这种鸟依然被叫作“kokila”。在很多地方，人们都认为甜美的“喔哦——哦——哦——哦哦哦——”叫声是雌鸟发出的，真的是这样吗？

噪鹃的歌声

从古时候起，噪鹃就在印度小说、诗歌和神话中占有重要地位。它在部落传说和传统文化中也有非常特殊的地位。不仅在印度，在斯里兰卡，“科哈（koha，僧伽罗语，噪鹃的意思）”的歌声预告着传统新年的到来。在各种宗教圣典中噪鹃也受到高度重视，如《摩奴法典》中就有一条古老的法令来保护它们。

“koel”是个美丽的词汇，给人一种别样的感觉。就像在森林的夏日黄昏，柔和颤抖的音符在芬芳四溢的芒果花丛跳动，又如在晨曦初露的黎明，阵阵微风送来令人陶醉的啁啾声。

优雅的噪鹃

噪鹃是属于杜鹃科的一种鸟。亚洲噪鹃是一种大型长尾杜鹃，分布在南亚、东南亚和中国。它几乎遍布中国各地，能够很快适应新的地方。

我们来看一看，我们对噪鹃到底了解多少。

是真还是假?

1. 噪鹃看起来很像乌鸦。
2. 噪鹃喜欢水煮蛋。
3. 噪鹃飞行时无声。
4. 噪鹃的叫声是包含十六个音符的一个序列。
5. 唱歌的噪鹃是雌性。

第 1 题答案：假！

嗯……可以这么说吧。雄性噪鹃虽然是黑色的，但体形与乌鸦并不相同。它比乌鸦更小更瘦，但尾巴更长。雄性乌鸦和雌性乌鸦长得很像，和乌鸦不同，噪鹃具有两性异形的特点，即雌性噪鹃和雄性噪鹃看起来非常不同。雄性噪鹃全身乌黑，长着一双红色的眼睛。而雌性噪鹃的羽毛是深棕色的，上面有白色的斑点和花纹。如同皇室成员和社会名流一样，噪鹃不喜欢被发现。它们生活在茂密的森林、树丛或树林中，是独居的鸟类。

第 2 题答案：不是真的。

噪鹃的食物包括小的果实、各种各样的浆果、千足虫和较小的鸟蛋（但不是煮熟的蛋）。因为成年噪鹃主要以各种果实为食，所以对很多植物和树木而言，特别是檀香树，它们是重要的种子传播者。噪鹃曾经是非常受欢迎的笼养鸟，甚至仅靠吃米饭就能生存！笼养的噪鹃寿命可达 14 年。

第 3 题答案：真的。

和猫头鹰一样，噪鹃飞行时没有声音。它是一种非常安静的鸟，只有当它从一棵树飞到另一棵树上寻找果实时，你才能察觉到它的存在。它们就这样沉默地度过整个寒冷的冬天，但是当夏天到来的时候，噪鹃就变得活泼愉快起来。夏天是它们交配的季节。在夏天清凉的早晨和晚上，甚至在下雨的时候，到处都能听到噪鹃音调不断上升的“喔——哦——哦——哦——哦哦哦”的叫声。

第 4 题答案：假的。

噪鹃的叫声有自己的旋律，是一串含有七八个音符的独特序列。从第一声响亮的音符开始，每两个音符进行一次重复，音调逐渐增高。等到了第 7 个或第 8 个音符时，音调达到最高，这时，叫声就断掉了。但是，噪鹃会迅速以同样的和声和节奏重新开始演唱。人们会被噪鹃悠扬的叫声吸引。

第 5 题答案：假的。（大错特错）

你能想象的到吗？虽然人类高度重视噪鹃，噪鹃也从人类那里收获了华美的辞藻、赞扬和赞美，但它也受到了严重的不公正对待。我们都熟悉的甜美歌声，其实是雄性噪鹃发出的！而我们一直以为那是雌性噪鹃的歌声！甚至还有一个词“kokilakanthi”，意思是拥有像噪鹃一样好嗓音的女歌手。但事实证明，唱歌的原来是雄性噪鹃！

噪鹃还有其他的叫声。当雄性噪鹃在破晓时分来到它的领地，发出一种音调平平的响亮叫声——“呜嗒克——克——哦哦，克——哦哦，克——哦哦……”这样重复七次，为了让其他雄性噪鹃知道它的存在，还有这儿是它的地盘。当雄性噪鹃找到自己伴侣，就会跟在雌性噪鹃后面。雌性噪鹃从一根树枝跳到另一根树枝，假装在玩追逐游戏，同时会用尖尖的声音发出“克克——克克——克克”的叫声。（没错，这种尖尖的叫声是雌性噪鹛发出的！）有时，雌性噪鹛的叫声会被一种像乌鸦雏鸟发出的尖锐刺耳“咔——哒哒——哒”的叫声打断。为了吸引配偶，雄性噪鹛会歌唱一整天。那悠扬的叫声只有在交配季节才能听到，主要是在 4 ~ 8 月之间。噪鹛在冬天很安静，但随着夏天的临近，叫声会变得越来越多。这可能是你在夏日黎明听到的最早的一种鸟叫声。

狸猫换太子

一提到乌鸦，我们就会想到噪鹃一个特别令人讨厌的特性。它的雏鸟是其他鸟类养大的！在几千年前的《吠陀经》中，噪鹃被称为“anya-vapa”，意思是“由其他鸟养大的鸟”。这里所说的“其他鸟”，主要是指乌鸦，有时也会是其他鸟类，如八哥。这个歌声优美、备受尊崇的鸟，有个坏习惯，那就是它从不筑巢，而是偷偷溜到乌鸦或其他鸟的窝里产卵。噪鹃的交配季节，与乌鸦的交配季节几乎相同。在它们的交配季节，有时候你可能会遇到一只雌性噪鹃和一只雌性乌鸦在打架，它们相互推来搡去。这是雌性噪鹃试图偷偷进入乌鸦的巢里产卵时，被雌性乌鸦发现了，雌性噪鹃正试图把入侵者推开。

虽然噪鹃长得比乌鸦小，但它们的蛋非常相似。有时候，噪鹃夫妇会联手作案，雄性噪鹃负责分散雌性乌鸦的注意力，帮助它的伴侣潜入乌鸦巢穴产卵。但大多数时候，雌性噪鹃会独自接近乌鸦的巢穴，每次在巢中产 1 或 2 枚卵。为什么噪鹃觉得在乌鸦巢穴里产卵很方便？原因有两个。

1．乌鸦的巢足够大，一次可以容纳 12 或 13 个卵。

2．噪鹃雏鸟最初的颜色和乌鸦雏鸟很像。

结果，可怜的雌性乌鸦不仅要帮噪鹃把蛋孵化，还要喂养

噪鹃的雏鸟。噪鹃雏鸟要比乌鸦雏鸟先孵化出来。噪鹃的卵需要 13 ~ 14 天来孵化，而乌鸦的卵需要 16 ~ 17 天来孵化。对丛林乌鸦来说，需要的孵化时间更长。噪鹃雏鸟最初的叫声也很像乌鸦雏鸟，因此获得了先天的优势。噪鹃雏鸟吃掉了乌鸦妈妈带回来的所有食物，而糊涂的乌鸦妈妈还以为它们是自己的宝宝呢。

不仅如此，噪鹃还在比自己小得多的鸟类的巢中产卵。雏鸟一孵化出来，那些小鸟妈妈就会大吃一惊。天哪！刚孵出来的雏鸟竟然比爸爸妈妈还大！但是小鸟妈妈也搞不清哪里出了问题，只能继续喂养雏鸟。有时候，小鸟妈妈给比自己还大的雏鸟喂食时，雏鸟似乎可以把它的养母吞下去！雌性噪鹃会在一旁密切关注，有时也会偷偷溜进巢里喂自己的雏鸟。20 ~ 28 天后雏鸟就可以飞了。

狐狸的狡猾是出了名的。乌鸦是聪明的鸟类。然而，噪鹃没有因为自己做了坏事而得到不好的名声。虽然噪鹃愚弄了聪明的乌鸦，骗乌鸦抚育自己的孩子，但是，没有人说噪鹃狡猾！

巢寄生

●寄生蜂是一种巢寄生的蜜蜂，它们将卵产在其他蜜蜂的蜂巢里。青蜂是一种巢寄生的黄蜂。

●牛鹂(燕八哥)也是巢寄生的鸟类。如果食物供应不足，它的雏鸟就会杀死同巢的伙伴。但是如果养父母带来足够的食物，它们也不会使用这么卑劣的手段。

●有些鸟类很聪明，即使有其他鸟将卵产在自己的巢里，它们也不会上当。美洲白骨顶会把寄生在自己巢中的卵踢出去，或者干脆再建一个新巢。它们甚至会啄寄生的雏鸟，或将寄生的雏鸟溺死！值得注意的是，美国白骨顶有时也会在其他鸟的巢中产卵。

●有些鸟类会把巢建在一起，采用一种集团策略，来抵御巢寄生。

●褐头牛鹂真的不挑剔，选择寄生的宿主多达 221 种。

响尾蛇和红外制导导弹有什么共同之处

颊窝毒蛇，不是有酒窝的蛇，而是有热敏器官的蛇。而红外制导导弹呢，确实是一种寻找热源的导弹。红外制导导弹，也叫热追踪导弹，可以跟踪发出红外辐射的目标物。像喷气发动机这样的热体红外辐射强度就比较大。

红外制导导弹和响尾蛇之间有紧密的联系。致命的毒蛇和致命的导弹之间能有什么联系呢？不，不是因为它们都是“致命的”，它们之间有其他一些有趣的关联。

蛇和蜥蜴

蛇是一种不同寻常而可怕的动物——长长的身体，没有腿，肉食性爬行动物。它们和没有腿的蜥蜴很不相同。

简单的野外指南

为了看出蛇和蜥蜴的区别，一只手拿起一条蛇，另一只手拿起一条没有腿的蜥蜴。

蜥蜴有外耳，有眼睑，可眨眼，而这两个特征蛇都没有，蛇只会一直盯着你。

看，简单吧！

（小贴士：蛇很可能不仅会盯着你看，还会攻击你。以防万一，你还是放下这个想法，也放下那条蛇吧！）

如果蛇想睡觉，它要么关闭视网膜，要么把头埋在盘着的身体里。蛇生有遮盖眼睛的透明鳞片。

而且，大多数蛇头骨的关节比蜥蜴多，这有助于它们吞下比自己头部大得多的猎物。毕竟，蛇不会像我们那样咀嚼，它们只会吞咽。

蛇是完完全全的食肉动物。有些蛇，如蝰蛇和眼镜蛇，会用毒液杀死猎物。毒液是什么呢？就是通过毒牙注射的改良唾液。这种唾液不是毒药，蛇也不是有害蛇。毒药和毒液有什么区别呢？不同之处就在于，毒药是被吸入或摄入体内（闻或吃），而毒液是被注射进体内。所以有有毒蛇和无毒蛇之分，而没有有害蛇和无害蛇之说。

最长的毒蛇是眼镜王蛇。
毒牙最长的蛇是加蓬蝰蛇。
最毒的蛇是黑曼巴蛇（树眼镜蛇）。
最长的蛇是网纹蟒蛇。
最重的蛇是水蟒。

响尾蛇和其他蛇并没有什么区别，只是响尾……哦，抱歉，还是稍微有些不同的。

有颊窝的响尾蛇

为了理解响尾蛇的特别之处，我们先要了解蛇的各种感官。

视力

不同种类的蛇视力也有所不同。但一般说来，蛇的视觉没有那么敏锐。它会抬起身体，有时甚至还会直立起来，以便获得更开阔的视野，对该地区进行探查。

振动

因为蛇没有外耳（内耳不知藏在什么地方，你觉得这个只有内耳的伙计听力能好到哪儿！），视力也不太好，所以蛇要依靠振动来感知其他动物的运动。如果你身体的大部分直接与地面接触，或许你也会对振动非常敏感。

蛇的听力非常差，所以，如果你看到一条蛇随着耍蛇人的音乐摇摆，并不是因为它能听到音乐，而是因为耍蛇人在不断摇摆他的乐器。

嗅觉

蛇靠它们分叉的舌头来感知气味！它们用舌头收集空气中的微粒，然后送到蛇嘴里的犁鼻器检测。水蛇的舌头，如水蟒，在水下也能很好地发挥作用。

红外线敏感

一些蛇，如响尾蛇、蚺和蟒蛇，能“看到”恒温动物的体温，这完全得益于它们鼻子两侧的深凹陷。

这就是响尾蛇的特别之处，它们有第六感。

诡秘的第六感

蝮蛇种类繁多，大约包含 151 种毒蛇。从沙漠到茂密的丛林，蝮蛇的栖息地多种多样。所有蝮蛇都生有颊窝——位于头部两侧眼睛和鼻孔之间的热（或红外线）敏感器官。凹陷实际上就是非常敏感的红外探测器官的开口。蝮蛇一般在夜间捕食。这种第六感让它们具有在黑暗中“看”的特殊优势。蝮蛇利用第六感感知猎物体温的方法了解猎物的样子，并利用这种感觉跟踪猎物。蝮蛇上颚的毒牙是可以移动的，在进攻时就会移动到前面，不用的时候就会折叠到后面。蝮蛇通常会先向猎物注射毒液，等猎物死后再悠闲地吞咽下去。

你知道吗？所有响尾蛇都是蝮蛇。扁斑蝰蛇（睫毛蝰蛇）也是一种蝮蛇。大多数种类的响尾蛇都是集体冬眠，很多条响尾蛇聚集在同一个窝或庇护所，利用彼此的热量度过寒冬。有时，你会发现 1000 多条响尾蛇聚在一起冬眠！

科学家根据蝮蛇追踪猎物的方法发明了红外制导导弹。国防研究人员还在继续研究蝮蛇的搜索—摧毁机制，以进一步发展导弹探测器。

对蛇的研究不仅有助于研发导弹（如果你认为研制导弹是件好事的话），在其他很多方面也很有用处。

为了了解更多，我们需要克服对蛇的恐惧，至少暂时把这种恐惧放到一边。（对蛇的异常恐惧称为蛇恐惧症。）

疯狂的神话传说

尽管不是所有人都有蛇恐惧症，但大多数人都害怕蛇。这些没有腿、没有眼睑、有毒的或无毒的爬行动物总是让人类感到恐惧。没有一种动物可以像蛇一样，和那么多神话故事、超自然力、邪恶联系在一起。

在古埃及，尼罗河眼镜蛇被刻在法老的王冠上，它还被用来自我了断或杀死敌人。据说克利奥帕特拉（埃及艳后）就是用毒蛇自杀的。但是历史学家并不能确定她到底是不是用毒蛇自杀的，这件事至今仍是个谜。

在古希腊，人们认为蛇有治愈能力，还会膜拜蛇。

在《圣经》中，蛇引诱亚当和夏娃吃禁果。

在印度，湿婆神脖子上缠绕着一条蛇。事实上，印度很多神话和传说中都有蛇的出现。据说，克利须那神曾在多头蛇卡利亚的头顶上跳舞。当众神和阿修罗准备搅动海洋，以获取长生不老仙露时，他们使用的是一条名叫希斯纳加的蛇。事实上，在印度的部分地区，人们敬拜蛇神，并在敬蛇节为蛇提供牛奶。然而这实在不是个好主意，因为牛奶并不是蛇的食物。它绝对不是素食主义者！

你听过眼镜王蛇复仇的故事吗？你绝对不可以惹眼镜王蛇。如果你杀了一条眼镜王蛇，你的样子就会留在它的眼睛里。之后，它的伴侣就会在它的眼睛里看到凶手的样子（也就是你！），然后就会找你复仇。所以人们杀掉蛇后通常会把蛇烧成灰，以防留下凶手的证据。

不过这个荒诞的故事还是有几分依据的。在繁殖季节，蛇会释放信息素（一种化学物质），来吸引配偶。即使在相当远的距离，其他蛇也能闻到这种信息素。一条蛇被杀死时，它会变得焦躁不安，释放出大量信息素。因此，即使这条蛇死了，它留下的信息素也会吸引其他蛇前来。不过，到了的蛇一旦意识到这条蛇已经没有反应，它就会离开，不再回来。当然，我们似乎都喜欢相信更可怕的故事，不是吗？

棒棒的蛇

在印度发现的蛇有 200 多种，只有 5 种是致命的毒蛇。但是我们害怕所有的蛇，无论什么蛇，我们都会杀掉。但是在敬蛇节，我们又会敬拜它们。

在过去，如果一个人拥有很多粮食和衣物，那他就是个富人。而老鼠偏偏喜欢吃这两样东西，不过蛇会吃老鼠。你可能还记得在许多故事里，常常由蛇来保护神秘的宝藏。那时，家家户户都为蛇保留一块地方，用来保护自己的宝藏——粮食和衣物免受老鼠破坏。你一定在想，一只微不足道的老鼠能有多大的破坏力？那么就让我们来看一看。

不消停的啮齿动物

在印度，人口数量和老鼠的数量之比是1:6。六只老鼠吃一个人的食物。它们的门牙，前面的那两颗长牙，一直都在生长。为了把门牙磨到合适的长度，老鼠必须不停地咬东西。因此老鼠浪费的比吃的多。每年都有许多人死于老鼠引起的疾病。还没有算上那些因为老鼠吃了数百万吨粮食而被饿死的人。

猫头鹰等鸟类会捕食老鼠，但只要老鼠躲进洞里，它们就无可奈何。可是老鼠无法躲避洞穴里的蛇！这非常重要，否则老鼠会繁殖得很快。在理想条件下，一对老鼠一年可以繁殖多达 880 只老鼠。如果这种情况持续五年，我们把所有老鼠一个叠一个摞起来，它们的高度可以从地球直达月球！

但是，蛇和人类之间的矛盾是如何产生的？老鼠又是如何牵扯进来的呢？随着人口的增长，人们开始砍伐森林。蛇被赶出它们平时的栖息地，开始进入人类家园寻找庇护所。在英属印度，曾经展开过一场全面的杀蛇运动。然而，当他们发现老鼠的数量因此急剧上升时，理智占据了上风。这场运动被取消了。但在那时，已有成千上万条蛇被杀掉了。仅在马哈拉施特拉邦的拉特纳吉里，就有 2.8 万条蛇被杀死。

虽然杀蛇运动被取消，人们还会因为想要获取蛇皮而非法猎杀蛇类。随着蛇类数量的下降，政府决定通过下毒来消灭老鼠。然而，老鹰和猫头鹰吃掉被毒死的老鼠，也被毒死！这意味着老鼠的天敌再次减少，老鼠数量反而增加。

因此，与其研究蛇用来研制红外制导导弹，我们还可以利用蛇做更多有意义的事情。比如，将本地无毒的蛇放入农场和粮仓，用来对付那些破坏粮食的老鼠等。

这也是对蛇的一种保护。

吓人的蛇

●非洲中部的粗鳞树蝰是一种毒蛇，它的鳞片如同刚毛，看起来就像长了羽毛似的。

●角蝰蛇是一种来自北非沙漠的毒蛇，每只眼睛上都生有一个刺状角鳞。在受到刺激时，它们的角鳞就会耷拉下来。

●世上还有一种会飞的蛇，生活在东南亚。其实，飞蛇并不是真的在空中飞行，只是在空中滑行。

●在东南亚还发现了一种生有触须的海蛇。它们是唯一一种脸上生有两个触须的蛇！

●象鼻蛇是一种水栖蛇类，它们的鳞片非常独特，不是逐片排列，而是像金字塔一样以锥形堆积起来的。

老虎和豹子会喝掉猎物的血吗

关于老虎和豹子是否吸食猎物鲜血这个问题，人们已经花费了大量的笔墨进行讨论。十九世纪和二十世纪上半叶的大多数博物学家都支持老虎和豹子吸食猎物鲜血的观点。

这是真的吗？这些大型猫科动物真的会先喝猎物的血来解渴，然后再将它们吃掉吗？

首先，我们来稍微了解一下老虎和豹子，然后再判断这到底是真是假。

可怕的老虎

老虎是一种大型猫科动物，身上毛色绮丽。从海拔 8 千多米的喜马拉雅山脉，到湿热的常绿森林，从台拉河长满草的沼泽，到泥泞多水的桑德班斯，都能看到它们的身影。在桑德班斯，老虎过着一种近乎两栖的生活。

老虎想要活得舒服，离不开三种东西。

- 足够多阴凉的地方可供睡觉。
- 充足的水，可供饮用及降温。
- 很多可供捕食的大型动物。

老虎一般在日落以后，黎明之前捕食猎物，有时也会在阴天出来狩猎，因为那时光线不太亮。老虎可以杀死大型动物，如雌象或幼象、白肢野牛和野生水牛。如果没有东西吃，老虎也会捕食体形较小的动物，甚至会吃死的动物！

老虎非常喜欢水！尽管它们体形巨大，体重很重，但它们可是游泳健将！炎热的夏天，它们喜欢坐在水池里悠闲地打发时光。

老虎和豹子的活动范围取决于季节和猎物的数量。在雨季，到处都有水，猎物也四处散布，这些猫科动物也会四处游荡寻找猎物。在夏天，只有少数几个水坑和溪流有水，猎物集中在那里，这些猫科动物的活动范围也集中在那里。

老虎的寿命大约为 20 年，其中有 2 年左右是在妈妈的陪伴下度过的。老虎和豹子的幼崽刚生下来时是看不见东西的，非常无助。妈妈会用牙齿叼着幼崽移动。每当它们离开兽穴，妈妈就会叼着它们脖子上的松弛皮肤，把它们带回来。家猫也会做同样的事。幼虎六个月大的时候，就会跟着妈妈捕猎。如果母虎偷袭牲畜或吃人，那么幼虎也会学到同样的东西。这或许可以解释为什么同一地区会反复发生老虎伤人事件。（在以前老虎足够多的时候。）

和豹子一样，老虎也会将吃不完的猎物藏起来。老虎和豹子有时将猎物藏在石堆之中，有时藏在树丛中。如果没有其他可以藏匿的地方，它们就会把食物埋在树叶和草下面。它们甚至会把杀死的猎物拖到树上。周围有很多其他动物在寻找现成的食物。这些在周围晃荡的食客都想趁老虎或豹子不在的时候，找到并吃掉它们捕杀的猎物。

人类发现的最早的老虎化石来自新西伯利亚群岛。老虎从北方向其他地方迁徙，首先到达喜马拉雅山，并在山上定居下来。不过，当它们到达印度南端时，似乎是为时已晚。从它们无法到达斯里兰卡的事实判断，当老虎到达印度南端时，曾经连接斯里兰卡和印度的大陆桥已经不在了。那些无法前往斯里兰卡的动物也包括眼镜王蛇和飞行蜥蜴。

老虎和人类

关于老虎的民间传说和故事有很多。人类敬拜老虎。如果一个人被老虎吃了，人们就会在那个地方放一块涂成红色的石头，像一尊小小的守护神。人们将石头供奉起来，这样他们就不会遭受同样的命运。大家都相信，被杀者的灵魂会骑着杀死他或她的老虎。死者的灵魂会警告老虎，老虎就不会去吃其他人了。

老虎被非法猎杀，不仅仅是人类为了获得虎皮，还因为一些疯狂古怪的信仰或误区。

虎膏（虎脂）：治疗风湿
虎骨：当作护身符
虎爪：装饰
虎的胡须：爱情护身符
虎的肝脏：吃了可以获得勇气
虎的乳汁：缓解视力问题

瘦长的豹子

豹子身体瘦长，很多人认为它和非洲猎豹是一种动物。但其实它们是两种不同的猫科动物。非洲猎豹线条更流畅，身上有黑色的实心斑点，这与豹子身上的黑色玫瑰花状图案完全不同。猎豹会奔跑追逐猎物，而豹子一般会悄悄跟踪猎物，然后猛地发动攻击。

豹子毛色光滑，是一种短毛猫科动物。在沙漠中生活的豹子皮毛更短、更苍白一些，而在克什米尔发现的雪豹，身上的毛较长。这种猫科动物遍布印度，能在各种气候条件下生存，无论干燥或潮湿，炎热或寒冷。不像老虎需要满足多种条件才能生活得舒适，豹子既可以生活在开阔的乡村，也可以生活在岩石和灌木丛中。

豹子会在白天猎食（如果它们在晚上没有收获的话），它们以鹿、鸟、爬行动物、螃蟹甚至老鼠为食。如果它们生活在人类居住地附近，也会吃牲畜和狗。它们可全年繁殖。

很明显，豹子的适应能力很强，在开拓和维护地盘方面最为成功。根据化石证据，它们也像老虎一样来自北方。或许它们比老虎先到达印度，因为它们可以穿越大陆桥到达斯里兰卡。

豹子的主要敌人是老虎。老虎会抢走豹子猎杀的食物，把豹子赶走甚至还会猎杀豹子。但豹子绝不会对老虎俯首帖耳。如大家所知，如果母虎不在视线范围内，它们就会猎杀幼虎。

豹子力量巨大，仅靠爪子，就可以把一头发育完全的成年牡鹿拖到树上。

豹子也很聪明。事实上，豹子对人类和人类的生活方式非常熟悉，这一点使豹子比吃人的老虎更可怕!

虚假的寓言

老虎和豹子不会喝掉猎物的血。长久以来，大家一直都认为它们会这么做。但是现在，一个众所周知的事实是，这些食肉动物在杀死猎物时绝对不会吸血。它们坚固的锥形犬齿紧紧地咬住猎物的喉咙或后颈，血液根本不会流出来，它们也根本没地方吸血。

博物学家写了很多文章来证明这些猫科动物不会吸血。但为什么还会产生这种错误的观念呢？拉扎花了一些时间思考这个问题，并对野外遇到的数百只豹子进行观察。最终他想可能是出于以下几个原因。

1. 这些猫科动物，出于本能，会紧紧叼住猎物很长一段时间，甚至在猎物停止挣扎以后也不松口。它们这么做可能是为了确保猎物死亡。因为这些猎物的死亡是由窒息引起的，这些猎物会先失去知觉，如果过早松开的话，这些猎物很可能会再次挣扎。这就是为什么老虎和豹子在猎物停止挣扎很长一段时

间后还会叼着猎物的原因。这种行为可能会让一些自然主义者或猎人误认为这只大型猫科动物在吸猎物的鲜血。

2. 如果你把一个东西长时间紧紧叼在嘴里，就会产生很多唾液。当豹子和老虎用嘴将猎物长时间叼在嘴里的时候，它们的嘴巴就会流口水。这些猫科动物吞咽唾液的动作，就会给人它们在吸血的假象。

3. 这些猫科动物在跟踪猎物时消耗了大量的能量，通过排汗流失了大量的体液。一旦它们杀死了猎物，就会因为获得食物而感到精神上的满足。这时，它们口渴的感觉战胜了饥饿感。很多时候，它们会把猎物放在一个安全的地方，然后去喝水或休息。这种习惯使一些自然主义者（错误地）得出这样的结论：吸血之后，这些猛兽暂时不饿了。

4. 最后，老虎或豹子通常不会在猎杀猎物之后立即把猎物吃掉。或许它们想让猎物腐烂一点，因为腐烂的肉更容易撕开。这种延迟并不是因为这些野兽已经通过吸血来充饥了。

所以，老虎和豹子并不会吸血，它们也从未这么做过！

威风凛凛的老虎

●老虎是地球上现存最大的猫科动物。

●狮虎是狮子和老虎的杂交的产物！体形巨大！狮虎喜欢像老虎一样游泳。

●老虎的眼睛是黄色的。但白虎的眼睛通常是蓝色的。甚至还有一种宝石叫作“虎眼石”！

●大型鳄鱼可能会试图捕食老虎。如果被鳄鱼抓住，老虎会用爪子攻击鳄鱼的眼睛。

●就像指纹是用来识别人类的特征一样，每只老虎身上的条纹也是独一无二的，这些条纹可以用来辨识老虎。

可爱的豹子

●雪豹还有个英文名字“grey ghost（灰鬼）”，因为它非常神秘，善于伪装。它可能站在远处盯着你的脸，可你却察觉不到它！

●云豹不是豹子，而是一种神秘的猫科动物，介于会咆哮的大型猫科动物和会“咕噜咕噜”叫的小型猫科动物之间，很可能是连接两者的进化阶段的动物。

●吃人的豹子比吃人的老虎更可怕！因为豹子的追踪悄无声息，与人类栖息地的接触也让它对人类更熟悉。它真的非常狡猾。鲁德拉普拉耶格的食人豹是吉姆·科比特狩猎生涯中最难对付的食人动物！

●豹子的尾巴可以和身体一样长！

●在南非一个禁猎区里，有一只“草莓”豹。它的体色是与众不同的红色。这可能是基因突变导致的黑色素产生不足、红色素过量引起的。